KB074886

딱정벌레

글·사진 **김윤호, 민홍기, 정상우, 안제원, 백운기**

A Guide Book of
Beetles

자연사도감
An Identification Guide to Natural History

딱정벌레
A Guide Book of Beetles

발행일	**ㅣ**	2017년 8월 21일
인쇄일	**ㅣ**	2017년 8월 16일
발행처	**ㅣ**	아름원
참여저자	**ㅣ**	김윤호, 민홍기, 정상우, 안제원, 백운기

ISBN ㅣ 979-11-950201-7-1
　　　　979-11-950201-6-4 (세트)　　값 34,000원

자연사도감

An Identification Guide to Natural History

딱정벌레

A Guide Book of Beetles

글 · 사진

김윤호, 민홍기, 정상우, 안제원, 백운기

일러두기

- 우리나라에 서식하는 딱정벌레목 44과 513종을 수록하였습니다.

- 본문의 구성은 각 과별로 종들을 정리하였으며, 후반부에 사진으로 찾아보기와 국명, 학명 색인을 넣어 검색이 용이하도록 하였습니다.

- 각 종의 설명은 형태와 생태 특징으로 구분하여 기재하였으며, 생태 특징이 알려지지 않은 종들은 '알려지지 않음'으로 표기하였습니다.

- 분류체계, 국명과 학명은 최신의 자료를 적용하였습니다.

- 본문에 사용된 사진은 저자와 국립중앙과학관에서 보유중인 표본을 이용하여 촬영하였으며, 표본의 상태가 좋지 않더라도 딱정벌레목의 다양성을 고려하여 최대한 수록하고자 하였습니다.

'홀데인의 법칙'으로 유명한 영국의 저명한 진화학자인 홀데인은 어느 날 진화학자로서 조물주의 마음에 대해 어떻게 생각하냐는 질문에 "조물주께서는 딱정벌레에 대해 지나친 호감(an inordinate fondness for beetles)을 가졌던 분이었던 것 같다. 딱정벌레는 기재된 종만 무려 35만 종에 이르는데, 이는 전체 곤충 종수의 거의 절반에 달한다."고 답한 것으로 전해 지고 있습니다. 이는 딱정벌레의 종 다양성을 상징적으로 보여 주는 일화로서 현재 기록된 딱정벌레류는 전세계에 4아목 168과 42만종 이상으로 알려져 있으며, 이는 지구상에 서식하는 전체 생물 종수의 1/5을 차지하는 엄청난 숫자입니다.

딱정벌레목에 속하는 다양한 곤충들은 딱지날개(elytra)라고 부르는 경화된 앞날개의 존재와 더듬이가 주로 11마디로 되어 있는 점, 둘째와 셋째 가슴마디가 합쳐져 있고, 첫째 가슴마디만 따로 떨어져 있는 특징 등으로 다른 곤충 그룹들과 구분되고 있습니다. 특히, 딱정벌레목 곤충의 가장 큰 특징인 경화된 앞날개는 이들을 뜻하는 한자어인 갑충(甲蟲)에서도 보여 지듯이 튼튼한 외골격으로 구성되어 연약한 뒷날개와 내부의 장기들을 보호하며, 물속 딱정 벌레류의 호흡을 위한 공기방울을 잡아주고, 주변환경의 극심한 온도 변화로부터도 몸을 지켜주는 등 다양한 기능을 수행하여 딱정벌레류의 번성에 큰 영향을 미쳤습니다. 이들은 깊은 바다 속을 제외한 지구상의 모든 서식처에 살고 있으며, 20㎝가 넘는 커다란 종부터 0.3㎜에 이르는 아주 작은 종까지 엄청난 형태적 다양성을 보여주고 있습니다.

생태계 내에서도 이들은 1차 소비자로서 살아 있거나 죽은 식물의 꽃, 열매, 줄기, 잎 등을 섭식하고, 2차 소비자로서 같은 곤충류나 기타 동물성 먹이를 섭식하기도 하며, 분해자로서 동물의 사체를 먹기도 합니다. 또한, 다양한 조류, 양서파충류, 어류, 포유류 등의 먹이가 되기도 합니다. 이처럼 딱정벌레류는 생태계의 먹이사슬에서 다양한 역할을 수행하고 있으며, 인간 생활과도 연관되어 사육곤충이나 곤충체험의 주요 자원으로 사용되면서 우리 생활 가까이에 존재하고 있습니다.

이 책을 통하여 지구상 생물 가운데 가장 많은 종 다양성을 지니고 있으며, 오랜 시간 동안 인류의 곁에서 밀접한 관계를 맺고 있던 딱정벌레들를 이해하는데 도움이 되기를 바랍니다.

차례

차례

차례

애버섯벌레과　Mycetophagidae

거저리과　Tenebrionidae

하늘소붙이과　Oedemeridae

가뢰과　Meloidae

홍날개과　Pyrochroidae

썩덩벌레붙이과　Salpingidae

뿔벌레과　Anthicidae

목대장과 Stenotrachelidae

하늘소과 Cerambycidae

잎벌레과 Chrysomelidae

차례

소바구미과　Anthribidae

거위벌레과 Attelabidae

창주둥이바구미과 Apionidae

바구미과 Curculionidae

벼바구미과 Erirhinidae

딱정벌레

Beetles

곰보벌레

Tenomerga anguliscutus (Kolbe, 1886)

형태 특징

크기 몸 길이는 9~17mm이다.

주요 형질 몸은 길쭉하고 약간 납작하며, 양옆이 거의 평행하다. 전체적으로 어두운 갈색에서 갈색이고 딱지날개에 얼룩덜룩한 무늬가 있다. 더듬이는 11마디이고 몸길이와 비슷하다. 앞가슴등판의 앞가장자리는 강한 물결 모양이다. 딱지날개는 앞가슴등판보다 뚜렷이 넓다. 다리는 짧다.

생태 특징

어른벌레는 6월에서 7월에 관찰된다. 썩은 나무의 껍질 밑에서 발견되며, 밤에 불빛에 날아오기도 한다.

국내 분포 전국적으로 분포한다.

국외 분포 대만에 분포한다.

닻무늬길앞잡이

Abroscelis anchoralis (Chevrolat, 1845)

멸종위기야생동식물II급

형태 특징
크기 몸 길이는 10~15mm이다.
주요 형질 몸은 길쭉하고 약간 납작하며, 딱지날개 뒤쪽 1/3지점에서 가장 넓다.
등면은 갈색 또는 녹색을 띠고, 배면은 녹색 광택이 있다. 머리의 정수리 부분은 오목하다.
딱지날개의 무늬는 배의 닻과 같은 모양이며 다른 길앞잡이 종들에 비해 다리가 길다.

생태 특징
어른벌레는 6월에서 9월에 관찰된다. 서해안 일부의 사구지형에서 국지적으로 서식한다. 작은
절지동물을 먹이로 한다.

국내 분포 서해안 일부의 사구지형에서 국지적으로 서식한다.
국외 분포 중국, 일본, 베트남에 분포한다

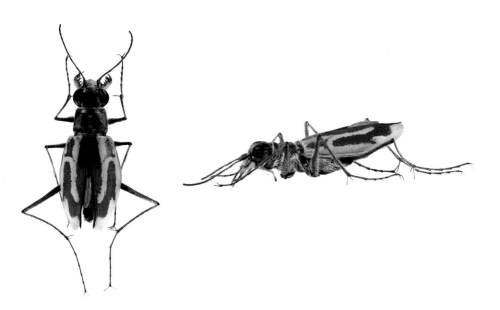

무녀길앞잡이

Cicindela chiloleuca Fischer von Waldheim, 1820

형태 특징
크기 몸 길이는 11~15mm이다.
주요 형질 몸은 길쭉하고 납작하며 딱지날개의 뒤쪽 1/3지점에서 가장 넓다. 큰턱은 크다.
전체적으로 황갈색에서 녹갈색이다. 앞가슴등판의 양옆은 평행하다. 딱지날개의 가장자리를
따라 황갈색의 독특한 무늬가 있다. 다리는 가늘고 길다.

생태 특징
어른벌레는 6월에서 9월에 관찰된다. 서해안의 염전이나 바닷가에서 발견되며 매우 빠르게
움직인다.

국내 분포 중부지역의 서해안에 분포한다.
국외 분포 중국, 러시아, 카자흐스탄, 몽골, 부탄

꼬마길앞잡이

Cicindela elisae Motschulsky, 1859

형태 특징

크기 몸 길이는 8~11mm이다.

주요 형질 몸은 직고 길쭉하며 약한 광택이 있다. 전체적으로 어두운 녹색이며, 머리와 앞가슴 등판은 청동색을 띤다. 딱지날개에 가는 흰 무늬가 있다. 배면에 털이 많다. 눈은 크고 돌출되어 있다.

생태 특징

어른벌레는 6월에서 9월까지 관찰된다. 바닷가나 강가 등에서 쉽게 볼 수 있다. 긴 다리로 매우 빠르게 움직이며 밤에 불빛에 날아온다.

국내 분포 전국적으로 분포한다.
국외 분포 중국, 몽골에 분포한다.

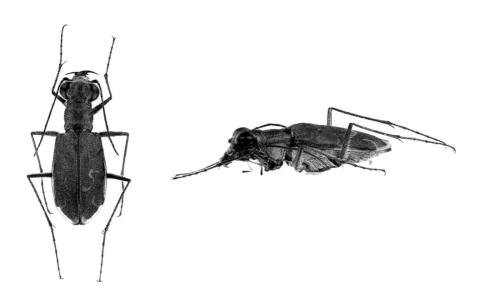

큰무늬길앞잡이

Cicindela lewisii Bates, 1873

형태 특징
크기 몸 길이는 15~18mm이다.
주요 형질 몸은 길쭉하고 납작하며 딱지날개의 뒤쪽 1/3지점에서 가장 넓다. 큰턱은 크다.
전체적으로 어두운 청색이며 작은 털로 덮여 있다. 딱지날개의 가장자리에 노란색의 무늬가
있다.

생태 특징
어른벌레는 5월에서 9월에 관찰된다. 서해안과 남해안의 모래밭에서 발견된다.

국내 분포 중부와 남부지역에 분포한다.
국외 분포 중국, 일본에 분포한다.

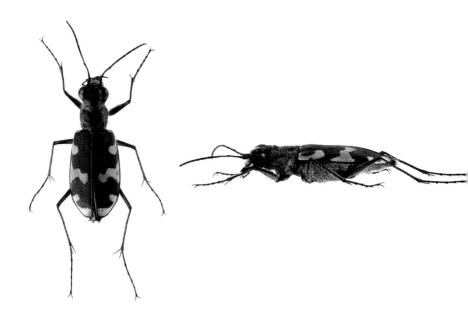

아이누길앞잡이

Cicindela gemmata Faldermann, 1835

형태 특징
크기 몸 길이는 16~21mm이다.
주요 형질 몸은 전체적으로 갈색이다. 딱지날개의 가운데에 황백색의 무늬가 있다. 배면에 털이 많다.

생태 특징
어른벌레는 4월에서 6월까지 관찰된다. 애벌레와 어른벌레 모두 육식성이며, 애벌레는 땅에 갱도를 파고 들어가 먹이를 잡는다.

국내 분포 전국적으로 분포한다.
국외 분포 중국, 일본, 러시아에 분포한다.

길앞잡이

Cicindela chinensis DeGeer, 1774

형태 특징
크기 몸 길이는 약 20mm이다.
주요 형질 한국산 길앞잡이아과의 종들 중 가장 크고 딱지날개의 금록색 광택이 두드러진다.

생태 특징
어른벌레는 4월에서 6월, 8월에서 9월 산에서 관찰된다. 경계심이 많아 다가가면 날아서 일정한 간격을 두고 앉는다. 작은 곤충을 잡아 먹는다.

국내 분포 전국적으로 분포한다.
국외 분포 중국, 일본, 동양구에 분포한다.

애조롱박먼지벌레

Clivina castanea Westwood, 1837

형태 특징
크기 몸 길이는 약 8.0~11.0mm이다.
주요 형질 몸은 가늘고 길쭉하며 앞가슴등판의 뒤쪽으로 급격히 좁아져 잘록한 형태를 띠고 있다. 전체적으로 검은색이며 입틀과 더듬이의 일부는 적갈색을 띤다. 광택이 있다. 눈은 크고 돌출되어 있다. 더듬이는 앞가슴등판의 뒷가두리에 이른다. 앞가슴등판은 뒤쪽 1/3지점에서 가장 넓으며 그 후에 급격히 좁아진다. 가운데에 긴세로홈이 있다. 딱지날개에 뚜렷한 점각렬이 있다. 다리에는 가시가 많으며 단단하다.

생태 특징
어른벌레는 4월에서 9월에 관찰된다. 어른벌레는 주로 밤에 활동하며 불빛에 날아오기도 한다.

국내 분포 중부와 남부지역에 분포한다.
국외 분포 일본, 중국, 대만, 동양구에 분포한다.

큰털보먼지벌레

Dischissus mirandus Bates, 1873

형태 특징

크기 몸 길이는 17~19mm이다.

주요 형질 몸은 넓적하고 위아래로 납작하다. 전체적으로 검은색이며 딱지날개의 앞과 뒤에 4개의 크고 노란 무늬가 있으며 광택이 있다. 앞가슴등판은 뒷 1/3지점에서 가장 넓으며 뒤쪽으로 급격히 좁아진다. 딱지날개는 점각렬이 뚜렷하며 끝은 둥글다.

생태 특징

어른벌레는 5월에서 8월에 관찰된다. 낙엽지에서 발견되며, 육식성이다.

국내 분포 전국적으로 분포한다.

국외 분포 중국, 일본에 분포한다.

등빨간먼지벌레

Dolichus halensis (Schaller, 1783)

형태 특징
크기 몸 길이는 17~20mm이다.
주요 형질 몸은 검은색이고 다리는 주황색이다. 딱지날개에 빨간 무늬가 있지만 개체에
따라 없기도 하다.

생태 특징
어른벌레는 5월에서 10월까지 관찰된다. 낮은 산이나 들판에서 흔히 발견된다.

국내 분포 전국적으로 분포한다.
국외 분포 일본, 러시아, 카자흐스탄, 우즈베키스탄, 터키, 유럽에 분포한다.

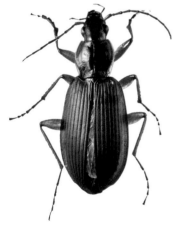

청띠호리먼지벌레

Drypta japonica Bates, 1873

형태 특징

크기 몸 길이는 8.0~11.5mm이다.

주요 형질 몸은 가늘고 길다. 전체적으로 갈색에서 적갈색이며 눈과 넓적다리마디의 끝부분은 검은색이다. 각 딱지날개의 테두리에 검은색 띠가 있다. 머리는 좁고 길쭉하며 눈은 크고 돌출되어 있다. 앞가슴등판은 머리의 너비와 비슷하고 가운데 긴 세로홈이 있다. 딱지날개는 앞가슴등판보다 뚜렷이 넓으며 끝이 뭉툭하다. 다리는 길고 잘 발달되어 있다.

생태 특징

어른벌레는 6월에서 9월에 관찰된다. 어른벌레는 밤에 불빛에 날아오기도 한다.

국내 분포 전국적으로 분포한다.

국외 분포 일본에 분포한다.

가는조롱박먼지벌레

Scarites acutidens Chaudior, 1855

형태 특징
크기 몸 길이는 17~22mm이다.
주요 형질 몸은 길쭉하다. 전체직으로 검은색이며 광택이 강하다. 큰턱은 크고 두껍다.
머리에 주름이 많다. 앞가슴등판의 뒷가장자리가 잘록하다. 딱지날개의 점각렬이 뚜렷하다.
종아리마디에 2개의 가시가 있다.

생태 특징
어른벌레는 5월에서 10월에 관찰된다. 강가나 바닷가의 모래밭에서 반견되며 낮에는 땅에 굴
을 파서 숨어있고 밤에 주로 활동한다.

국내 분포 전국적으로 분포한다.
국외 분포 중국에 분포한다.

조롱박먼지벌레

Scarites aterrimus Morawitz, 1863

형태 특징
크기 몸 길이는 약 18mm이다.
주요 형질 몸은 길쭉하다. 전체적으로 검은색이며 광택이 강하다. 큰턱은 크고 두껍다. 머리에 주름이 많다. 앞가슴등판의 앞가장자리의 모서리가 뾰족하게 돌출되어 있으며, 뒷가장자리가 잘록하다. 딱지날개의 점각렬이 뚜렷하다. 뒷날개는 없다. 앞다리 발목마디에 가시가 있다.

생태 특징
어른벌레는 4월에서 9월에 관찰된다. 바닷가의 사구지형에서 많이 발견된다.

국내 분포 전국적으로 분포한다.
국외 분포 중국, 일본에 분포한다.

큰조롱박먼지벌레

Scarites sulcatus Olivier, 1795

형태 특징

크기 몸 길이는 25~45mm이다.

주요 형질 몸은 검은색이고 광택이 있다. 정수리에 한 쌍의 센털이 있다. 앞다리 종아리마디의 끝에 2개의 가시가 있다. 딱지날개에 뚜렷한 세로줄이 있다.

생태 특징

어른벌레는 6월에서 10월까지 관찰된다. 애벌레와 어른벌레 모두 육식성이다. 주로 해안의 사구에서 발견되나, 제주도에서는 인가 근처에서 발견되기도 한다.

국내 분포 전국적으로 분포한다.

국외 분포 중국, 일본, 대만, 네팔, 인도에 분포한다.

긴조롱박먼지벌레

Scarites terricola Bates, 1873

형태 특징

크기 몸 길이는 15~19.5mm이다.

주요 형질 몸은 가늘고 길다. 전체적으로 검은색이다. 앞가슴등판의 기부가 좁다.
가운데다리 종아리마디 바깥쪽에 1개의 돌기가 있다.

생태 특징

알려지지 않았다.

국내 분포 전국적으로 분포한다.
국외 분포 중국, 일본, 대만에 분포한다.

꼬마선두리먼지벌레

Apristus striatus (Motschulsky, 1844)

형태 특징
크기 몸 길이는 4.2~4.8mm이다.
주요 형질 몸은 길쭉하다. 전체적으로 검은색이며 광택이 있다. 눈은 약간 돌출되어 있다.
더듬이는 앞가슴등판의 앞쪽 1/4지점에 이른다. 앞가슴등판은 앞쪽 1/5-1/4지점에서 가장
넓으며 뒤쪽으로 급격히 좁아진다. 중앙에 세로 홈이 있다. 딱지날개는 앞가슴등판보다 뚜렷이
넓으며 점각렬이 뚜렷하다.

생태 특징
어른벌레는 3월에서 5월에 관찰되며 생태는 잘 알려지지 않았다.

국내 분포 전국적으로 분포한다.
국외 분포 일본, 러시아에 분포한다.

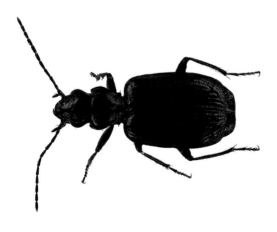

검은띠목대장먼지벌레

Archicolliuris bimaculata Habu, 1963

형태 특징
크기 몸 길이는 7.0~10.0mm이다.
주요 형질 몸은 가늘고 길다. 머리와 딱지날개 가운데 뒤쪽, 넓적다리마디의 가운데 뒤쪽은 검은색이며, 앞가슴등판과 딱지날개의 가운데 앞쪽은 적갈색에서 갈색, 더듬이와 다리는 갈색에서 밝은 갈색이다. 눈은 크고 돌출되어 있으며 눈 뒤쪽으로 급격히 좁아진다. 더듬이는 길고 딱지날개의 앞가장자리를 넘는다. 앞가슴등판은 가늘고 길며 머리길이의 약 2배이다. 딱지날개는 앞가슴등판 너비의 2배 이상이며 뒤쪽에 긴 타원형의 흰 무늬가 있다.

생태 특징
어른벌레는 6월에서 8월에 관찰된다. 어른벌레는 밤에 불빛에 날아오기도 한다.

국내 분포 북부지역에 분포한다.
국외 분포 일본에 분포한다.

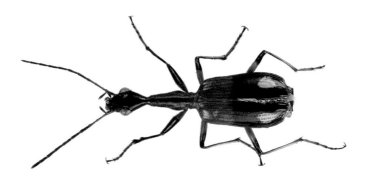

줄딱부리강변먼지벌레

Asaphidion semilucidum (Motschulsky, 1862)

형태 특징

크기 몸 길이는 약 4mm이다.

주요 형질 몸은 작고, 위아래로 약간 볼록하다. 전체적으로 흙색에서 갈색을 띠며, 첫째에서 넷째 더듬이마디는 갈색, 다섯째에서 열한째 더듬이마디는 검은색을 띤다. 광택이 강하고 딱지날개에 검은 무늬가 있다. 눈은 매우 크고 돌출되어 있으며, 머리 양옆의 대부분을 차지한다. 앞가슴등판은 앞쪽 1/3지점까지 약간 넓어지다가 뒤쪽으로 급격히 좁아지며, 가운데에 긴 세로홈이 있다. 딱지날개에는 점각렬이 없으며, 구멍이 많다. 딱지날개의 검은 무늬에는 구멍이 없다.

생태 특징

어른벌레는 4월에서 11월에 관찰된다. 하천 수변에서 많이 발견되며, 참나무류나 느티나무 등의 껍질 안에서 어른벌레로 겨울을 난다.

국내 분포 북부와 중부지역에 분포한다.
국외 분포 일본, 중국, 러시아에 분포한다.

알타이강변먼지벌레

Bembidion altaicum Gebler, 1833

형태 특징
크기 몸 길이는 6~7mm이다.
주요 형질 몸은 넓고 위아래로 납작하다. 머리와 앞가슴등판은 어두운 갈색에서 어두운 녹색을 띠며 딱지날개는 갈색에서 적갈색이다. 눈은 크고 돌출되어 있으며 더듬이는 길다. 앞가슴등판의 양옆은 둥글고 뒷가장자리는 뭉툭하며 뒷가장자리의 모서리는 뾰족하다. 딱지 날개의 점각렬은 뚜렷하다.

생태 특징
어른벌레는 5월에서 9월에 관찰된다. 강변에서 발견되며 육식성이다.

국내 분포 전국적으로 분포한다.
국외 분포 일본, 러시아, 카자흐스탄, 몽골에 분포한다.

고려강변먼지벌레

Bembidion coreanum Jedlicka, 1946

형태 특징
크기 몸 길이는 3~4mm이다.
주요 형질 몸은 길쭉하고 위아래로 다소 납작하며 광택이 있다. 전체적으로 어두운 녹색에서 녹색을 띠며 더듬이, 다리, 딱지날개의 끝은 갈색이다. 더듬이의 길이는 앞가슴등판을 조금 넘는다. 눈은 크고 돌출되어 있다. 앞가슴등판은 뒤쪽으로 좁아진다. 딱지날개의 점각렬은 뚜렷하다.

생태 특징
어른벌레는 4월에서 7월까지 관찰된다. 어른벌레는 강가에서 발견되며 빠르게 움직인다.

국내 분포 전국적으로 분포한다.
국외 분포 중국, 러시아에 분포한다.

볕강먼지벌레

Bembidion scopulinum (Kirby, 1837)

형태 특징
크기 몸 길이는 4~5mm이다.
주요 형질 몸은 길쭉하고 위아래로 납작하며 광택이 있다. 전체적으로 어두운 갈색에서 검은색이나 다리는 밝은 갈색이다. 눈은 크고 돌출되어 있다.
앞가슴등판은 가운데에서 가장 넓고 뒤쪽으로 급격히 좁아진다. 딱지날개의 뒤 1/3지점에 갈색의 둥근 점무늬가 있으며, 점각이 뚜렷하다.

생태 특징
어른벌레는 4월에서 9월까지 관찰된다. 어른벌레는 물가의 모래에서 발견된다.

국내 분포 전국적으로 분포한다.
국외 분포 중국, 일본, 러시아, 카자흐스탄, 신북구에 분포한다.

큰강변먼지벌레

Bembidion lissonotum Bates, 1873

형태 특징

크기 몸 길이는 6.5~7.5mm이다.

주요 형질 몸은 길쭉하며 위아래로 다소 납작하다. 전체적으로 검은색에서 어두운 녹색이나 청색을 띤다. 눈은 크고 돌출되어 있다. 더듬이는 비교적 길며 딱지날개의 앞 1/3지점에 이른다. 앞가슴등판은 앞 1/3지점에서 가장 넓고, 머리보다 약간 더 넓다. 딱지날개는 앞가슴등판보다 뚜렷이 넓으며, 점각렬이 뚜렷하다.

생태 특징

어른벌레는 5월에서 8월에 관찰된다. 어른벌레는 하천변에서 발견된다.

국내 분포 남부지역에 분포한다.
국외 분포 일본에 분포한다.

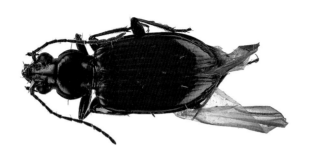

노랑머리먼지벌레

Calleida lepida Redtenbacher, 1867

형태 특징

크기 몸 길이는 약 10.5mm이다.

주요 형질 몸은 가늘고 길쭉하며 위아래로 납작하다. 머리는 적갈색, 앞가슴등판은 황갈색이며 딱지날개는 녹색을 띠는 검은색으로 광택이 강하다. 앞가슴등판은 세로 주름이 있으며 가운데에서 가장 넓다. 딱지날개의 점각렬은 뚜렷하다. 넓적다리마디의 끝은 검은색을 띤다.

생태 특징

어른벌레는 5월에서 9월에 관찰된다. 낙엽지에서 발견되며 육식성이다.

국내 분포 전국적으로 분포한다.
국외 분포 중국, 일본, 대만에 분포한다.

줄먼지벌레

Chlaenius costiger Chaudoir, 1856

형태 특징
크기 몸 길이는 21~24mm이다.
주요 형질 몸은 넓적하고 위아래로 납작하며 딱지날개의 가운데에서 가장 넓다. 머리와 앞가슴등판은 구릿빛이고 딱지날개는 검은색이며 광택이 강하다. 셋째 더듬이마디는 첫째와 둘째를 합한 길이보다 길다. 앞가슴등판에는 털이 거의 없으며 가운데에서 가장 넓다. 딱지날개는 볼록하고 점각렬은 뚜렷하다.

생태 특징
어른벌레는 5월에서 8월에 관찰된다. 낙엽지에서 발견되며, 육식성이다.

국내 분포 전국적으로 분포한다.
국외 분포 중국, 일본, 동양구에 분포한다.

노랑테먼지벌레

Chlaenius inops Chaudoir, 1856

형태 특징
크기 몸 길이는 10~13mm이다.
주요 형질 몸은 길쭉하고 위아래로 납작하며 광택이 있다. 전체적으로 검은색이고, 첫째에서 둘째 더듬이마디, 앞가슴등판의 양옆가장자리, 딱지날개의 양옆가장자리, 다리는 노란색이다. 앞가슴등판의 앞가장자리는 약간 오목하다. 딱지날개의 점각렬은 뚜렷하다.

생태 특징
어른벌레는 5월에서 7월까지 관찰된다. 어른벌레와 애벌레 모두 육식성이다.

국내 분포 알려지지 않았다.
국외 분포 중국, 일본, 러시아, 대만, 동양구에 분포한다.

큰노랑테먼지벌레

Chlaenius nigricans Wiedemann, 1821

형태 특징
크기 몸 길이는 21~25mm이다.
주요 형질 머리와 앞가슴등판은 구릿빛 광택이 강하고 딱지날개는 검은색이며, 녹색 광택이
약간 있다. 몸의 가두리와 부속지는 노란색이다. 아랫입술밑마디는 두 살래로 나뉜다. 수컷의
작은턱수염과 아랫입술수염 마지막마디는 확장되어 있다.

생태 특징
어른벌레는 5월에서 7월까지 관찰된다. 애벌레와 어른벌레 모두 육식성으로 개구리를 공격
하여 잡아먹는다.

국내 분포 전국적으로 분포한다.
국외 분포 중국, 일본에 분포한다.

풀색먼지벌레

Chlaenius pallipes (Gebler, 1823)

형태 특징
크기 몸 길이는 15~19mm이다.

주요 형질 몸은 넓적하고 위아래로 납작하다. 전체적으로 구릿빛 광택을 띠며 딱지날개는 녹색이다. 더듬이와 넓적다리마디, 종아리마디는 적갈색이고 나머지 다리마디는 어두운 갈색이다. 앞가슴등판은 가운데에서 가장 넓으며, 너비가 뚜렷이 더 넓다. 딱지날개는 뒤 1/3 지점에서 가장 넓으며 점각렬이 뚜렷하다.

생태 특징
어른벌레는 5월에서 8월에 관찰된다. 낙엽지에서 발견되며, 육식성이다.

국내 분포 중부와 남부지역에 분포한다.
국외 분포 중국, 일본, 리시아, 몽골에 분포한다.

끝무늬녹색먼지벌레

Chlaenius micans (Fabricius, 1792)

형태 특징

크기 몸 길이는 약 12mm이다.

주요 형질 끝무늬먼지벌레와 유사하나 광택이 약하며, 앞가슴등판의 구멍이 작고 촘촘하다. 딱지날개의 점각렬이 뚜렷하지 않으며 끝에 무늬가 있다.

생태 특징

어른벌레는 5월에서 8월까지 관찰된다. 낮은 산이나 평지에서 흔히 발견된다.

국내 분포 전국적으로 분포한다.

국외 분포 중국, 일본에 분포한다.

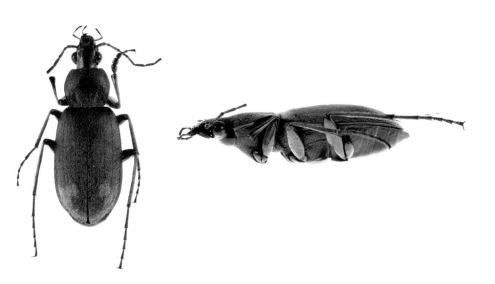

민무늬먼지벌레

Chlaenius ocreatus Bates, 1873

형태 특징

크기 몸 길이는 11~12mm이다.

주요 형질 몸은 넓적하고 위아래로 약간 납작하다. 머리와 앞가슴등판은 금속성 있는 녹색이다. 딱지날개에 옅은 무늬가 없다.

생태 특징

어른벌레는 4월에서 9월까지 관찰된다. 애벌레와 어른벌레 모두 육식성이다.

국내 분포 전국적으로 분포한다.

국외 분포 중국, 일본에 분포한다.

쌍무늬먼지벌레

Chlaenius naeviger Morawitz, 1862

형태 특징
크기   몸 길이는 14~15mm이다.
주요 형질   머리와 앞가슴등판은 금속성 광택이 있는 녹색이다. 더듬이와 다리는 황갈색이다. 딱지날개의 끝 부분에 밝은 점무늬가 있다.

생태 특징
어른벌레는 4월에서 9월까지 관찰된다. 애벌레와 어른벌레 모두 육식성이다.

국내 분포   전국적으로 분포한다.
국외 분포   중국, 일본에 분포한다.

노랑무늬먼지벌레

Chlaenius posticalis Motschulsky, 1853

형태 특징
크기 몸 길이는 12~13mm이다.
주요 형질 머리와 앞가슴등판은 적동색이다. 딱지날개에 노란 점무늬가 있다.

생태 특징
어른벌레는 5월에서 8월까지 관찰된다. 낮은 산이나 평지에서 흔히 발견된다.

국내 분포 전국적으로 분포한다.
국외 분포 중국, 일본, 러시아에 분포한다.

끝무늬먼지벌레

Chlaenius virgulifer Chaudoir, 1876

형태 특징
크기 몸 길이는 12~14mm이다.
주요 형질 앞가슴등판이 넓고 구멍이 뚜렷하다. 머리와 가슴의 금속광택이 강하다.
딱지날개의 끝에 무늬가 있다.

생태 특징
어른벌레는 5월에서 8월까지 관찰된다. 낮은 산이나 평지에서 흔히 발견된다.

국내 분포 전국적으로 분포한다.
국외 분포 중국, 일본에 분포한다.

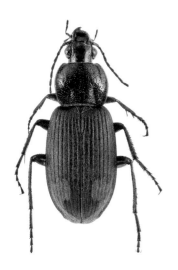

날개끝가시먼지벌레

Colpodes buchannani Hope, 1831

형태 특징

크기 몸 길이는 10~13mm이다.

주요 형질 몸은 길쭉하고 위아래로 납작하다. 전체적으로 적갈색이며 딱지날개는 청동색이고 넓적다리마디의 끝은 검은색이며 광택이 강하다. 앞가슴등판은 뒤쪽으로 급격히 좁아진다. 딱지날개에 점각렬이 뚜렷하며 뒷가장자리에 가시같은 돌기가 있다.

생태 특징

어른벌레는 4월에서 10월에 관찰된다. 산지의 나뭇잎이나 돌에 앉아 있는다. 밤에 불빛에 잘 유인된다.

국내 분포 전국적으로 분포한다.

국외 분포 중국, 일본, 대만, 러시아, 네팔, 파키스탄, 신북구, 동양구에 분포한다.

딱정벌레붙이

Craspedonotus tibialis Schauman, 1863

형태 특징
크기 몸 길이는 20~22mm이다.
주요 형질 몸은 위아래로 약간 납작하다. 전체적으로 검은색이며 종아리마디는 밝은 갈색이다. 눈은 크고 양옆으로 돌출되어 있다. 앞가슴등판은 짧고 넓으며, 뒤쪽으로 급격히 좁아진다. 딱지날개는 세로 점각렬이 뚜렷하고 끝이 뾰족하다.

생태 특징
어른벌레는 6월에서 10월까지 관찰된다. 강가나 바닷가의 모래지형에서 발견된다. 낮에는 모래속에 구멍을 파고 숨어있다가 밤에 나와 작은 곤충이나 절지동물을 먹는다.

국내 분포 전국적으로 분포한다.
국외 분포 중국, 일본, 러시아, 대만에 분포한다.

목가는먼지벌레

Galerita orientalis Schmidt-Göbel, 1846

형태 특징
크기 몸 길이는 20~35mm이다.
주요 형질 머리는 길쭉하고 다리가 길다. 다리는 주황색이고 넓적다리마디의 끝에서 종아리마디는 검은색이다.

생태 특징
어른벌레는 4월에서 9월까지 관찰된다. 애벌레와 어른벌레 모두 육식성이다.

국내 분포 남부지역에 분포한다.
국외 분포 중국, 일본, 대만, 동양구에 분포한다.

머리먼지벌레

Harpalus capito Morawitz, 1862

형태 특징

크기 몸 길이는 20~24mm이다.

주요 형질 몸은 검은색이다. 머리는 크고 광택이 있다. 정수리에 붉은 무늬가 있으나 개체에 따라 없기도 하다.

생태 특징

어른벌레는 6월에서 8월까지 관찰된다. 주로 평지에서 발견되며, 불빛에 날아온다.

국내 분포 전국적으로 분포한다.

국외 분포 중국, 일본, 대만, 러시아에 분포한다.

큰먼지벌레

Lesticus magnus (Motschulsky, 1860)

형태 특징
크기 몸 길이는 20~24mm이다.

주요 형질 몸은 크고 넓적하고 위아래로 납작하며 딱지날개의 뒤 1/3지점에서 가장 넓다. 전체적으로 검은색이다. 머리에는 주름이 많으며 눈은 돌출되어 있다. 앞가슴등판은 앞 1/3 지점에서 가장 넓으며 중앙에 세로 홈이 있다. 딱지날개의 점각렬은 뚜렷하다.

생태 특징
어른벌레는 5월에서 7월에 관찰된다. 낙엽지에서 발견되며, 야행성이고 육식성이다.

국내 분포 전국적으로 분포한다.
국외 분포 중국, 일본, 대만에 분포한다.

한국길쭉먼지벌레

Myas coreana (Tschitschérine, 1895)

형태 특징
크기 몸 길이는 약 20mm이다.
주요 형질 머리와 앞가슴등판은 검은색이며, 딱지날개는 보라색을 띤다. 딱지날개의 세로 융기선이 뚜렷하다.

생태 특징
어른벌레는 6월에서 8월까지 관찰된다. 애벌레와 어른벌레 모두 육식성이다.

국내 분포 전국적으로 분포한다.
국외 분포 일본에 분포한다.

중국먼지벌레

Nebria chinensis Bates, 1872

형태 특징
크기 몸 길이는 약 14mm이다.
주요 형질 몸은 검은색이며, 광택이 강하다. 다리는 황갈색이다. 딱지날개의 세로 융기선이
뚜렷하다.

생태 특징
어른벌레는 6월에서 8월까지 관찰된다. 애벌레와 어른벌레 모두 육식성이다.

국내 분포 전국적으로 분포한다.
국외 분포 중국, 일본에 분포한다.

납작선두리먼지벌레

Parena cavipennis (Bates, 1873)

형태 특징

크기 몸 길이는 9~10mm이다.

주요 형질 몸은 길쭉하고 위아래로 납작하다. 전체적으로 황갈색이고 광택이 강하다. 눈은 크고 돌출되어 있다. 앞가슴등판은 세로 주름이 있으며 앞 1/3지점에서 가장 넓다. 딱지날개의 앞가장자리는 앞가슴등판보다 뚜렷이 넓고 점각렬은 뚜렷하며 끝은 뭉툭하다. 배 끝은 뭉툭하고 딱지날개에 가려지지 않는다.

생태 특징

어른벌레는 4월에서 9월에 관찰된다. 낙엽지에서 발견되며 육식성이다.

국내 분포 전국적으로 분포한다.

국외 분포 중국, 일본, 대만, 네팔, 동양구에 분포한다.

폭탄먼지벌레

Pheropsophus jessoensis Morawitz, 1862

형태 특징
크기 몸 길이는 11~18mm이다.
주요 형질 전체적인 몸 색깔은 검은색이다. 머리, 앞가슴등판, 다리는 황색이다. 머리 정수리의 무늬와 앞가슴등편의 가운데 줄 앞뒤의 가장자리는 검은색이다. 딱지날개는 검은색이고 광택이 약하다. 딱지날개의 가운데에 1쌍의 큰 무늬와 어깨부분, 옆구리 가장자리, 날개끝은 황색이다.

생태 특징
어른벌레는 5월에서 9월까지 관찰된다. 애벌레와 어른벌레 모두 육식성이다. 적에게 위협을 느끼면 뜨거운 가스와 액체를 내뿜는다.

국내 분포 전국적으로 분포한다.
국외 분포 중국, 일본, 러시아에 분포한다.

두점박이먼지벌레

Planets puncticeps Andrewes, 1919

형태 특징
크기 몸 길이는 12.0~13.0mm이다.
주요 형질 몸은 길쭉하고 위아래로 다소 납작하다. 전체적으로 검은색이며 입틀, 더듬이, 다리는 갈색에서 밝은 갈색이고 딱지날개에 둥근 밝은 갈색 무늬가 있다. 눈은 돌출되어 있으며, 더듬이는 딱지날개의 앞 1/3지점에 이른다. 앞가슴등판은 앞 1/3지점에서 가장 넓으며 뒤쪽으로 좁아진다. 딱지날개의 점각렬은 뚜렷하다. 다리는 비교적 길고 잘 발달되어 있다.

생태 특징
어른벌레는 5월에서 10월에 관찰된다. 어른벌레는 주로 깊은 산속에서 발견되나 간간히 낮은 야산에서도 관찰된다. 작은 절지동물을 먹이로 한다.

국내 분포 전국적으로 분포한다.
국외 분포 일본, 중국, 대만에 분포한다.

동양길쭉먼지벌레

Pterostichus orientalis Motschulsky, 1845

형태 특징
크기 몸 길이는 13.0~15.0mm이다.

주요 형질 몸은 길쭉하다. 전체적으로 검은색이며 딱지날개는 어두운 갈색을 띠고, 더듬이, 다리는 어두운 갈색에서 적갈색을 띤다. 눈은 둥글고 작으며 약간 돌출되어 있다. 앞가슴등판은 앞쪽 2/5지점에서 가장 넓으며 뒤쪽으로 좁아지고, 앞가장자리는 넓게 약간 오목하다. 딱지날개에 점각렬은 뚜렷하며 규칙적이다.

생태 특징
어른벌레는 9월에서 10월에 관찰된다. 잘 알려지지 않았다.

국내 분포 남부지역에 분포한다.

국외 분포 일본, 러시아에 분포한다.

신안알락먼지벌레

Tetragonoderus sinanensis Park, 2013

형태 특징

크기 몸 길이는 3.6~4.3mm이다.

주요 형질 몸은 약간 긴 타원형으로 딱지날개가 둥글고, 위아래로 볼록하다. 머리, 앞가슴
등판은 갈색 또는 적갈색이며 약한 녹색 광택이 있고, 더듬이, 다리는 황갈색이다. 딱지날개는
황갈색이나 검은색 반점 또는 띠 무늬가 있으며, 작은방패판과 그 주변은 갈색이다. 눈은 크고
돌출되어 있다. 앞가슴등판은 사각형으로 앞가장자리의 모서리가 약간 돌출되어 있다. 딱지
날개는 앞가슴등판보다 뚜렷이 더 넓다.

생태 특징

어른벌레는 5월에서 9월에 관찰된다. 어른벌레는 해안사구에서 발견되며, 작은 절지동물을
먹는다.

국내 분포 신안군의 섬들에서 분포한다.

루이스큰먼지벌레

Trigonotoma lewisii Bates, 1873

형태 특징
크기 몸 길이는 16.0~18.0mm이다.
주요 형질 몸은 가늘고 길며 위아래로 약간 볼록하다. 머리와 가슴은 자주빛을 띠고 딱지날개와 다리는 검은색이다. 광택이 강하다. 머리는 좁고 눈은 크고 돌출되어 있다. 더듬이는 가늘고 앞가슴등판의 뒷가장자리에 이른다. 앞가슴등판은 가운데에서 가장 넓고 둥글며 테두리에 융기부가 있고, 가운데에 긴 세로 홈이 있다. 딱지날개에는 뚜렷한 점각렬이 있다.

생태 특징
어른벌레는 6월에서 9월에 관찰된다. 어른벌레는 야산에서 흔히 발견되며, 야행성이다.

국내 분포 전국적으로 분포한다.
국외 분포 일본, 중국에 분포한다.

꼬마목가는먼지벌레

Brachinus stenoderus Redtenbacher, 1868

형태 특징

크기 몸 길이는 12~17mm이다.

주요 형질 몸은 길쭉하고 딱지날개의 뒤 1/3지점에서 가장 넓다. 머리와 앞가슴등판은 좁고 딱지날개는 뚜렷이 넓다. 전체적으로 연한 노란색에서 주황색이나 딱지날개는 검은색에서 녹색을 띠는 검은색이다.

생태 특징

어른벌레는 6월에서 10월까지 관찰된다. 주로 밤에 활동하며, 불빛에 모인 곤충 등을 잡아먹는다.

국내 분포 전국적으로 분포한다.

국외 분포 일본, 러시아, 인도에 분포한다.

산목대장먼지벌레

Odacantha aegrota (Bates, 1883)

형태 특징
크기 몸 길이는 6~7mm이다.
주요 형질 몸은 좁고 길쭉하며 위아래로 납작하다. 머리와 앞가슴등판은 검은색이며 딱지날개는 갈색이고 광택이 강하다. 첫째에서 셋째 더듬이마디는 밝은 갈색이고 넷째에서 열한째는 어두운 갈색이다. 머리는 볼록하며, 눈은 매우 크고 돌출되어 있다. 딱지날개는 볼록하며 긴 알모양이다.

생태 특징
어른벌레는 5월에서 9월에 관찰된다. 낙엽지에서 발견되며 육식성이다.

국내 분포 중부와 남부지역에 분포한다.
국외 분포 일본에 분포한다.

검정명주딱정벌레

Calosoma maximowiczi Morawitz, 1863

형태 특징

크기 몸 길이는 24~40mm이다.

주요 형질 몸은 넓고 납작하다. 흑녹색이며, 광택이 있다. 머리의 양옆은 오목하며, 많은 주름이 있다. 딱지날개에 15줄의 세로 융기선이 있다.

생태 특징

어른벌레는 5월에서 7월에 관찰된다. 숲에서 발견되며, 나비목의 애벌레를 주로 먹는다. 뒷날개가 잘 발달되어 있어 비행능력이 뛰어나다.

국내 분포 전국적으로 분포한다.
국외 분포 중국, 일본, 대만에 분포한다.

큰명주딱정벌레

Campalita chinense (Kirby, 1819)

형태 특징
크기 몸 길이는 20~35mm이다.
주요 형질 몸은 구릿빛이며, 부속지는 검은색이다. 딱지날개에 뚜렷한 금색 점으로 이루어진 3개의 세로줄이 있다.

생태 특징
어른벌레는 5월에서 8월까지 관찰된다. 애벌레와 어른벌레 모두 육식성이다. 숲 근처의 공원 등에서 자주 보이며, 주로 밤에 활동한다. 불빛에 날아온다.

국내 분포 전국적으로 분포한다.
국외 분포 중국, 일본, 러시아에 분포한다.

두꺼비딱정벌레

Carabus fraterculus Reitter, 1895

형태 특징
크기 몸 길이는 18.0~21.0mm이다.
주요 형질 몸은 길쭉하고 딱지날개의 뒤쪽 1/3지점에서 가장 넓다. 전체적으로 검은색이나
지역이나 개체에 따른 변이가 있다. 머리는 좁고, 눈은 둥글게 돌출되어 있다. 더듬이는 비교적
길다. 앞가슴등판은 사각형에 가까우나 앞쪽 1/3지점에서 가장 넓고 뒤쪽으로 급격히 좁아진다.
딱지날개는 앞가슴등판보다 뚜렷이 넓고, 양옆이 둥글다.

생태 특징
어른벌레는 5월에서 9월에 관찰된다. 어른벌레는 하천변이나 낙엽지에서 발견되며, 주로 밤
에 지렁이 등을 먹는다.

국내 분포 전국적으로 분포한다.
국외 분포 중국, 러시아에 분포한다.

줄딱정벌레

Carabus canaliculatus Mandi, 1980

형태 특징
크기 몸 길이는 28~34mm이다.
주요 형질 몸은 검은색이며, 광택이 강하다. 딱지날개의 세로 융기선이 뚜렷하다.

생태 특징
어른벌레는 4월에서 9월까지 관찰된다. 애벌레와 어른벌레 모두 육식성이다.

국내 분포 알려지지 않았다.
국외 분포 중국에 분포한다.

멋쟁이딱정벌레

Carabus jankowskii (Oberthür, 1883)

형태 특징

크기 몸 길이는 25~31mm이다.

주요 형질 머리와 앞가슴등판과 딱지날개의 가장자리는 적동색이며, 딱지날개는 녹색이 도는 검은색이나 딱지날개와 앞가슴등판이 모두 완전히 녹색인 개체도 있다. 머리는 길고 앞머리는 주름살 무늬가 많다. 앞가슴등판은 길쭉하다. 딱지날개에 점이 많고 뒷날개는 흔적만 남아 있다.

생태 특징

어른벌레는 4월에서 10월까지 관찰된다. 애벌레와 어른벌레 모두 육식성이다. 딱지날개가 퇴화되어 날지 못하며, 보행하여 사냥한다.

국내 분포 전국적으로 분포한다.
국외 분포 러시아에 분포한다.

애딱정벌레

Carabus tuberculosus Dejean, 1829

형태 특징
크기 몸 길이는 17~23mm이다.
주요 형질 몸은 약간 넓적하고 녹색빛이 도는 붉은색이나, 지역에 따라 변이가 있다. 딱지날개의 돌기가 뚜렷하다.

생태 특징
어른벌레는 5월에서 9월까지 관찰된다. 애벌레와 어른벌레 모두 육식성이다.

국내 분포 전국적으로 분포한다.
국외 분포 중국, 일본, 러시아, 카자흐스탄에 분포한다.

왕딱정벌레

Carabus fiduciarius Csiki, 1927

형태 특징
크기 몸 길이는 25~31mm이다.
주요 형질 몸은 전체적으로 검은색이다. 딱지날개에 뚜렷한 세로 구멍이 있다.

생태 특징
어른벌레는 5월에서 9월까지 관찰된다. 애벌레와 어른벌레 모두 육식성이다.

국내 분포 북부 및 중부지역과 제주도에 분포한다.
국외 분포 중국에 분포한다.

우리딱정벌레

Carabus sternbergi Roeschke, 1898

고유종

형태 특징
크기 몸 길이는 22~30mm이다.
주요 형질 몸은 검은색에서 구릿빛이며, 일부 초록빛을 띠는 개체도 있다. 딱지날개의 홈줄이 뚜렷하다.

생태 특징
어른벌레는 3월에서 11월까지 관찰된다. 애벌레와 어른벌레 모두 육식성이다.

국내 분포 제주도를 제외한 전국에 분포한다.

홍단딱정벌레

Coptolabrus smaragdinus Fischer-Waldheim, 1823

형태 특징
크기 몸 길이는 25~45mm이다.
주요 형질 몸의 등면은 붉은 구릿빛을 띠나, 녹색이나 보라색을 띠는 등 지역에 따른 변이가 많다. 머리와 앞가슴등판은 좁고 딱지날개의 가두리는 둥글다. 딱지날개에 돌기로 이루어진 세로 융기선이 있다.

생태 특징
어른벌레는 4월에서 10월까지 관찰된다. 애벌레와 어른벌레 모두 지렁이와 같은 작은 동물을 잡아먹는 육식성이다.

국내 분포 전국적으로 분포한다.
국외 분포 중국, 러시아에 분포한다.

제주왕딱정벌레

Isiocarabus fiduciarius Csiki, 1927

고유종

형태 특징

크기 몸 길이는 25~31mm이다.

주요 형질 몸은 크고 넓적하며 딱지날개의 뒷 1/3지점에서 가장 넓다. 전체적으로 검은색이고, 앞가슴등판과 딱지날개는 푸른빛이 나며 광택이 강하다. 앞가슴등판은 거의 사각형이다. 딱지날개의 점각렬은 촘촘하고 끝은 뾰족하다. 다리는 길다.

생태 특징

어른벌레는 5월에서 9월에 관찰된다. 개체수가 많아 제주도 전역에서 잘 발견되며 썩은 고기 등을 먹는다.

국내 분포 제주도에 분포한다.

갈색다리풍뎅이붙이

Hister simplicisternus Lewis, 1879

형태 특징

크기 몸 길이는 4~6.5mm이다.

주요 형질 몸은 알모양이며 다소 볼록하고 광택이 강하다. 전체적으로 검은색이며 더듬이, 종아리마디, 발목마디는 붉은빛을 띤다. 앞가슴등판의 앞가장자리는 아치형으로 넓게 오목하고 점각렬은 옆가장자리까지 완전히 이어진다.

생태 특징

어른벌레는 5월에서 8월까지 관찰된다. 알려지지 않았다.

국내 분포 알려지지 않았다.
국외 분포 중국, 일본에 분포한다.

아무르납작풍뎅이붙이

Hololepta amurensis Reitter, 1897

형태 특징

크기 몸 길이는 7.5~11.0mm이다.

주요 형질 몸은 긴 사각형이며 위아래로 납작하다. 전체적으로 검은색이며 광택이 강하다. 머리는 앞가슴등판에 비해 매우 좁고 큰턱은 잘 발달되어 있으며 머리의 길이와 비슷하다. 앞가슴등판의 앞가장자리는 오목하게 들어가 있으며 뒷가장자리는 딱지날개 앞가장자리의 너비와 비슷하다. 작은방패판은 작고 딱지날개는 끝에서 비스듬하게 뭉툭하다.

생태 특징

어른벌레는 4월에서 6월에 관찰된다. 어른벌레는 나무껍질 밑에서 발견된다.

국내 분포 전국적으로 분포한다.

국외 분포 일본, 러시아, 대만, 중국에 분포한다.

어리좀풍뎅이붙이

Margarinotus weymarni Wenzel, 1944

형태 특징
크기 몸 길이는 5.0~7.9mm이다.
주요 형질 몸은 긴 타원형이다. 전체적으로 검은색이며 광택이 있다. 머리의 이마선은 완전하다. 앞가슴등판의 옆가장자리는 눌려있지 않다. 뒷가슴배판의 다리 밑마디사이 판에 구멍이 없다. 앞가슴등판에 2개의 측선이 있으며 안쪽 선은 눈 뒤쪽에서 뚜렷한 물결모양을 보이지 않는다. 바깥쪽 측선은 안쪽 선의 뒤쪽 끝보다 더 뒤쪽까지 이어진다.

생태 특징
어른벌레는 4월에서 10월에 관찰된다. 잘 알려지지 않았다.

국내 분포 전국적으로 분포한다.
국외 분포 일본, 중국, 러시아에 분포한다.

두뿔풍뎅이붙이

Niponius osorioceps Lewis, 1885

형태 특징
크기 몸 길이는 3.5~4.7mm이다.

주요 형질 몸은 긴 원통형이고 단단하며 광택이 강하다. 전체적으로 검은색이며 더듬이와 머리의 돌기는 적갈색이다. 머리의 앞쪽에 한쌍의 뿔같은 단단한 돌기가 있다. 눈 아래쪽에 더듬이를 숨길수 있는 깊은 구멍이 있다. 큰턱이 크고 단단하다. 앞가슴배판에는 더듬이를 숨길 수 있는 구멍이 없다. 딱지날개는 짧아서 배의 일부가 드러나 있다. 다리는 짧다.

생태 특징
어른벌레는 4월에서 5월에 관찰된다. 참나무류의 수액에서 발견된다.

국내 분포 북부지역에 분포한다.
국외 분포 일본, 러시아, 대만에 분포한다.

먼지송장벌레

Apteroloma kozlovi Semenov & Znojko, 1932

형태 특징
크기 몸 길이는 4.5~5mm이다.
주요 형질 몸은 달걀모양으로 길고 넓으며 위아래로 납작하다. 전체적으로 적갈색이나 앞가슴등판과 딱지날개의 가장자리는 황갈색, 다리와 더듬이는 적갈색이다. 광택이 강하다. 머리의 구멍은 뚜렷하다. 홑눈이 없다. 큰턱에는 3개의 이가 있다. 앞가슴등판의 앞가장자리는 매우 오목하다. 딱지날개의 점각렬은 9개이고 볼록하며, 앞가슴등판보다 넓다.

생태 특징
어른벌레는 4월에서 9월에 관찰된다. 어른벌레는 습한 환경에서 썩은 유기물을 먹는다.

국내 분포 중부지역에 분포한다.
국외 분포 중국, 러시아에 분포한다.

큰먼지송장벌레

Pteroloma koebelei Van Dyke, 1928

형태 특징
크기 몸 길이는 6~7mm이다.
주요 형질 몸은 달걀모양으로 길고 넓으며 위아래로 납작하다. 전체적으로 어두운 갈색이나 앞가슴등판과 딱지날개의 가장자리, 다리, 첫째에서 여섯째 더듬이마디는 적갈색이다. 머리의 구멍은 뚜렷하다. 한 쌍의 홑눈이 있다. 큰턱에는 3개의 이가 있다. 앞가슴등판의 앞가장자리는 매우 오목하다. 딱지날개의 점각렬은 9개이고 볼록하며, 앞가슴등판보다 넓다.

생태 특징
어른벌레는 4월에서 8월에 관찰된다. 어른벌레는 습한 환경에서 썩은 유기물을 먹는다.

국내 분포 중부지역에 분포한다.
국외 분포 일본에 분포한다.

네눈박이송장벌레

Dendroxena sexcarinata Motsculsky, 1861

형태 특징

크기 몸 길이는 10~15mm이다.

주요 형질 몸은 넓적하고 위아래로 납작하다. 몸은 검은색이고 앞가슴등판과 딱지날개는
황토색에서 밝은 갈색이며 검은 무늬가 뚜렷하다. 앞가슴등판은 넓고 뒷가장자리는 물결모양
이며 중앙에 큰 검은 무늬가 있다. 딱지날개는 뒤쪽으로 좁아지며, 둥글고 검은 점이 뚜렷하다.

생태 특징

어른벌레는 5월에서 7월에 관찰된다. 어른벌레는 다른 송장벌레와 다르게 나비목의 애벌레 등
을 사냥해서 잡아 먹는다.

국내 분포 중부지역에 분포한다.

국외 분포 일본, 러시아에 분포한다.

대모송장벌레

Necrophila brunneicollis (Kraatz, 1877)

형태 특징
크기 몸 길이는 18~25mm이다.
주요 형질 몸은 넓적하고 약한 광택이 있다. 전체적으로 검은색이며 앞가슴등판은 황갈색
이다. 눈 밑에 황갈색의 긴 센털로 된 열이 있다. 앞가슴등판은 광택이 있으며 중앙이 뚜렷하게
볼록하다. 작은방패판은 삼각형이고 연모가 있다. 딱지날개에 3개의 세로 융기선이 있다.

생태 특징
어른벌레는 5월에서 8월에 관찰된다. 동물의 사체나 쓰레기에서 발견된다.

국내 분포 전국적으로 분포한다.
국외 분포 중국, 일본, 러시아, 대만, 부탄에 분포한다.

넉점박이송장벌레

Nicrophorus quadripunctatus Kraatz.1877

형태 특징

크기 몸 길이는 14~21mm이다.

주요 형질 몸은 검은색이며, 광택이 있다. 머리에는 작은 점각이 퍼져있다. 겹눈은 크고 더듬이는 적갈색이다. 딱지날개는 등황색이며, 복판의 양쪽은 검은색이다. 중앙의 폭이 넓은 물결모양의 가로띠는 검은색이다. 어깨 부분과 딱지날개 근처에 검은색의 작은 원무늬가 있다.

생태 특징

어른벌레는 4월에서 9월까지 관찰된다. 어른벌레는 동물의 사체를 먹으며, 배설물에서도 관찰된다. 미끼트랩에 잘 유인된다.

국내 분포 전국적으로 분포한다.
국외 분포 중국, 일본, 대만, 러시아에 분포한다.

북방송장벌레

Nicrophorus tenuipes Lewis, 1887

형태 특징
크기 몸 길이는 18~20mm이다.
주요 형질 몸은 검은색이고 광택이 약하다. 더듬이 마지막 3마디는 노란색이다. 앞가슴등판은 사각형이며, 가운데가 볼록하다. 딱지날개는 노란 띠무늬가 없다.

생태 특징
어른벌레는 6월에서 8월까지 관찰된다. 어른벌레는 동물의 사체를 먹으며, 배설물에서도 관찰된다. 미끼트랩에 잘 유인된다.

국내 분포 북부지역에 분포한다.
국외 분포 중국, 일본, 러시아에 분포한다.

이마무늬송장벌레

Nicrophorus maculifrons Kraatz, 1877

형태 특징
크기 몸 길이는 14~21mm이다.
주요 형질 몸은 길쭉하고 위아래로 다소 납작하며 광택이 강하다. 전체적으로 검은색이고, 더듬이 마지막 3마디는 노란색이다. 앞가슴등판은 사각형이며 가운데가 볼록하다. 딱지날개에는 2개의 노란 띠무늬가 있으며 딱지날개의 끝까지 이어지지 않았다.

생태 특징
어른벌레는 4월에서 9월까지 관찰된다. 어른벌레는 동물의 사체를 먹으며, 배설물에서도 관찰된다. 미끼트랩에 잘 유인되며, 불빛에 날아온다.

국내 분포 전국적으로 분포한다.
국외 분포 중국, 일본, 러시아에 분포한다.

우단송장벌레

Oiceoptoma thoracicum (Linnaeus, 1758)

형태 특징
크기 몸 길이는 15~17mm이다.
주요 형질 몸은 넓적하고 약한 광택이 있다. 전체적으로 검은색이며 앞가슴등판은 주황색이다. 눈 밑에 적갈색의 긴 센털로 된 열이 있다. 눈 안쪽은 뚜렷하게 오목하며 여덟째에서 열째 더듬이마디는 너비가 뚜렷이 넓다. 앞가슴등판은 너비가 약간 더 넓으며 표면은 울퉁불퉁하다. 긴 주황색의 센털이 있다. 딱지날개에 3개의 세로 융기선이 있다.

생태 특징
어른벌레는 5월에서 8월에 관찰된다. 동물의 사체나 쓰레기에서 발견된다.

국내 분포 전국적으로 분포한다.
국외 분포 중국, 일본, 러시아, 카자흐스탄, 몽골, 터키, 유럽에 분포한다.

점박이송장벌레

Oiceoptoma subrufum (Lewis, 1888)

형태 특징
크기 몸 길이는 15~17mm이다.
주요 형질 몸은 넓적하고 약한 광택이 있다. 전체적으로 검은색이며 앞가슴등판은 주황색이다. 눈 밑에 적갈색의 긴 센털로 된 열이 있다. 눈 안쪽은 뚜렷하게 오목하며 여덟째에서 열째 더듬이마디는 너비가 뚜렷이 넓다. 앞가슴등판은 너비가 약간 더 넓으며 표면은 편평하다. 짧은 주황색의 센털이 있다. 딱지날개에 3개의 세로 융기선이 있으며 표면이 편평하다.

생태 특징
어른벌레는 5월에서 8월에 관찰된다. 동물의 사체나 쓰레기에서 발견된다.

국내 분포 전국적으로 분포한다.
국외 분포 중국, 일본, 러시아에 분포한다.

꼬마검정송장벌레

Ptomascopus morio Kraatz, 1887

형태 특징
크기 몸 길이는 8~15mm이다.
주요 형질 몸은 길쭉하고 위아래로 다소 납작하며 광택이 있다. 전체적으로 검은색이다. 더듬이는 짧다. 앞가슴등판은 앞쪽 1/3지점에서 가장 넓으며 뒤쪽으로 좁아진다. 딱지날개는 배의 절반을 덮으며 끝이 뭉툭하다.

생태 특징
어른벌레는 6월에서 9월까지 관찰된다. 어른벌레는 썩은 고기를 먹으며 개체수가 비교적 많다.

국내 분포 전국적으로 분포한다.
국외 분포 중국, 일본, 러시아, 대만에 분포한다.

굽은넓적송장벌레

Silpha koreana Cho & Kwon, 1999

고유종

형태 특징
크기 몸 길이는 16~17mm이다.

주요 형질 몸은 넓적하고 약한 광택이 있다. 전체적으로 검은색이다. 머리는 너비가 더 넓으며 눈의 안쪽은 약간 오목하다. 앞가슴등판은 너비가 뚜렷이 더 넓고 볼록하며 미세한 구멍이 촘촘히 있다. 딱지날개는 볼록하며 3개의 세로 융기선이 뚜렷하다. 딱지날개의 끝은 수컷에서는 둥글며 암컷은 다소 뾰족하다.

생태 특징
어른벌레는 4월에서 7월에 관찰된다. 고산 지대에서 발견된다.

국내 분포 북부와 중부지역에 분포한다.

넓적송장벌레

Silpha perforata Gebler, 1832

형태 특징
크기 몸 길이는 15~10mm이다.
주요 형질 몸은 넓적하고 약한 광택이 있다. 전체적으로 검은색이다. 머리는 너비가 더 넓으며 더듬이 여덟째에서 열째가 뚜렷이 넓다. 앞가슴등판의 중앙은 볼록하며 표면은 미세 점각이 촘촘하다. 뒷가장자리는 뒤쪽으로 돌출해 있다. 딱지날개 끝은 완만하게 둥글며, 뒷날개가 퇴화되어 없다.

생태 특징
어른벌레는 5월에서 8월에 관찰된다. 뒷날개가 퇴화되어 빠르게 걸어다닌다.

국내 분포 전국적으로 분포한다.
국외 분포 중국, 일본, 러시아, 몽골에 분포한다.

곰보송장벌레

Thanatophilus rugosus (Linnaeus, 1758)

형태 특징
크기 몸 길이는 8~12mm이다.
주요 형질 몸은 둥글고 편평하다. 검은색이며, 광택이 약하다. 앞가슴등판과 딱지날개에 울퉁불퉁한 점각이 있다. 딱지날개에 3개의 세로 융기선이 있다.

생태 특징
어른벌레는 4월에서 11월까지 관찰된다. 어른벌레는 주로 동물의 마른 사체를 먹으며, 마른 배설물에서도 관찰된다.

국내 분포 전국적으로 분포한다.
국외 분포 중국, 일본, 러시아, 몽골, 아프가니스탄, 유럽에 분포한다.

좀송장벌레

Thanatophilus sinuatus (Fabricius, 1775)

형태 특징
크기 몸 길이는 9~12mm이다.
주요 형질 몸은 넓적하고 약한 광택이 있다. 전체적으로 검은색이다. 머리는 너비가 뚜렷이 더 넓으며 긴 노란색 털이 있다. 일곱째에서 열째 더듬이마디는 너비가 뚜렷이 더 넓다. 눈은 크고 돌출해 있다. 앞가슴등판은 너비가 뚜렷이 더 넓으며 울퉁불퉁하고 거친 구멍이 촘촘하다. 딱지날개에 3개의 세로 융기선이 있으며 매우 짧은 털이 있다.

생태 특징
어른벌레는 5월에서 10월에 관찰된다. 동물의 사체나 쓰레기에서 발견된다.

국내 분포 전국적으로 분포한다.
국외 분포 중국, 일본, 대만, 아프카니스탄, 사이프러스, 키르키즈스탄, 카자흐스탄, 몽골, 터키, 유럽에 분포한다.

물가네눈반날개

Geodromicus lestevoides (Sharp, 1889)

형태 특징

크기 몸 길이는 2.9~3.4mm이다.

주요 형질 몸 전체에 구멍과 촘촘한 털이 덮여 있다. 전체적으로 황갈색에서 어두운 갈색이며 입틀과 더듬이, 다리는 황갈색에서 적황색이다. 머리는 너비가 1.3배 더 넓다. 눈 길이는 관자놀이보다 1.4배 더 길다. 더듬이는 털로 덮여 있으며 딱지날개의 중간에 이른다. 앞가슴등판은 머리 너비의 1.3배이다. 수컷 생식기 중앙엽은 길쭉하고 끝이 뾰족하며, 교미구는 가늘고 중앙엽보다 짧다.

생태 특징

어른벌레는 4월에서 9월에 관찰된다. 계곡이나 강 옆의 돌 밑에서 발견된다.

국내 분포 전국적으로 분포한다.
국외 분포 중국, 일본, 러시아에 분포한다.

큰가슴뾰족반날개

Bolitobius parasetiger Schülke, 1993

형태 특징
크기   몸 길이는 3.8~4.2mm이다.
주요 형질   몸은 길쭉하다. 머리는 어두운 갈색에서 검은색이고, 첫째에서 둘째 더듬이마디는 적갈색, 셋째에서 열째는 어두운 갈색에서 검은색, 열한째는 노란색이다. 앞가슴등판은 어두운 갈색에서 검은색이고 딱지날개는 어두운 갈색 바탕에 밝은 갈색 무늬가 어깨부분과 뒷부분에 있다. 광택이 뚜렷하다. 딱지날개의 점각렬은 뚜렷하고 털이 있다.

생태 특징
어른벌레는 5월에서 9월에 관찰된다. 어른벌레는 버섯에서 발견되며, 버섯에 모이는 다른 작은 절지동물을 먹는 것으로 알려져 있다.

국내 분포   전국적으로 분포한다.
국외 분포   일본, 중국, 러시아에 분포한다.

샤프뾰족반날개

Tachinus gelidus Eppelsheim, 1893

형태 특징
크기 몸 길이는 3.5~3.7mm이다.
주요 형질 몸은 넓고 길쭉하며 뒤쪽으로 뾰족하다. 머리는 검은색이고, 첫째에서 넷째 더듬이마디는 적갈색, 다섯째에서 열한째는 어두운 갈색이며 앞가슴등판은 어두운 적갈색이고 옆가장자리는 황갈색이며, 딱지날개는 황갈색이고 끝은 어둡다. 머리의 눈 뒤쪽은 각져 있으며 구멍이 있다. 수컷 여덟째 배마디등판은 4개로 갈라져 있다.

생태 특징
어른벌레는 5월에서 9월에 관찰된다. 어른벌레는 다른 작은 절지동물들을 먹으며, 함정트랩 이나 비행간섭트랩에서 채집된다.

국내 분포 전국적으로 분포한다
국외 분포 일본, 중국, 러시아에 분포한다.

주름밑빠진버섯벌레

Cyparium mikado Achard, 1923

형태 특징
크기 몸 길이는 4.5~5mm이다.
주요 형질 몸은 긴타원형이며 광택이 있다. 전체적으로 어두운 갈색이다. 머리는 검고, 입틀은 적갈색이며 첫째에서 여섯째 더듬이마디는 노란색, 나머지는 검은색이다. 앞가슴등판은 검고 딱지날개와 다리는 어두운 적갈색이며 배는 검은색이다. 일곱째에서 열한째 더듬이마디는 곤봉형이다.

생태 특징
어른벌레는 6월에서 8월에 관찰된다. 버섯에서 발견된다.

국내 분포 전국적으로 분포한다.
국외 분포 중국, 일본에 분포한다.

밑빠진버섯벌레

Scaphidium amurense Solsky, 1871

형태 특징

크기 몸 길이는 5~6mm이다.

주요 형질 몸은 일반적인 반날개 무리들과 다르게 넓고, 약간 긴 타원형이다. 광택이 있으며 전체적으로 검은색이나 딱지날개에 4개의 적갈색 무늬가 있다. 앞가슴등판은 뒤쪽으로 넓어지며, 뒷가장자리 부분에 가로 점각렬이 있다. 배끝은 뾰족하다.

생태 특징

어른벌레는 3월에서 10월에 관찰된다. 주로 썩은 나무나 버섯에서 발견된다. 균류를 먹는 것으로 알려져 있다.

국내 분포 전국적으로 분포한다.

국외 분포 중국, 일본, 러시아에 분포한다.

납작반날개

Siagonium vittatum Fauvel, 1875

형태 특징
크기 몸 길이는 3.2~5.1mm이다.

주요 형질 몸은 가늘고 길며 매우 납작하다. 머리, 앞가슴등판, 배는 검은색에서 어두운 갈색 또는 적갈색을 띠고 딱지날개는 검은색에서 어두운 갈색이며 옆가장자리 부근은 적갈색이다. 더듬이는 길고 딱지날개의 뒷가장자리에 이른다. 앞가슴등판은 머리의 너비와 비슷하며 앞쪽은 오목하다. 앞가슴등판의 뒷가잘자리는 딱지날개의 앞가장자리보다 뚜렷이 좁다. 다리는 비교적 짧다.

생태 특징
어른벌레는 4월에서 5월에 관찰된다. 어른벌레는 죽은 침엽수의 껍질 밑에서 발견된다.

국내 분포 북부지역에 분포한다.

국외 분포 일본, 러시아에 분포한다.

작은투구반날개

Osorius mujechiensis Cho, 1998

고유종

형태 특징

크기 몸 길이는 4.5~5mm이다.

주요 형질 몸은 길쭉하고 원통형이다. 전체적으로 적흑색이며 광택이 강하고 더듬이와 다리는 황갈색이다. 더듬이는 11마디이며 첫째마디는 가늘고 길며 둘째에서 다섯째마디를 합한 길이와 비슷하다. 앞가슴등판은 딱지날개의 너비와 비슷하며 딱지날개보다 약간 짧다. 배는 뒤쪽으로 약간 넓어진다.

생태 특징

어른벌레는 3월에서 9월에 관찰된다. 활엽수의 고사목에서 발견된다.

국내 분포 남부지역에 분포한다.

투구반날개

Osorius taurus Sharp, 1889

형태 특징

크기 몸 길이는 7~8mm이다.

주요 형질 몸은 긴 원통형으로 양옆이 거의 평행하다. 광택이 강하다. 더듬이는 짧으며 굽어 있다. 몸이 전체적으로 잘 경화되어 있다. 전체적으로 검은색이며 다리와 더듬이는 갈색을 띤다. 뒷날개가 잘 발달하였다. 배끝은 둥글다.

생태 특징

어른벌레는 4월에서 10월에 관찰된다. 산지의 썩은 참나무안에서 주로 발견되며, 비행성이 좋아 날아다니는 모습도 쉽게 관찰된다.

국내 분포 전국적으로 분포한다.

국외 분포 중국, 일본, 동양구에 분포한다.

긴뿔반날개

Bledius salsus Miyatake, 1963

형태 특징

크기 몸 길이는 5.6~7.9mm이다.

주요 형질 몸은 길쭉하고 양옆이 비교적 평행하며 원통형이다. 전체적으로 적갈색이나 머리는 검은색이며, 앞가슴등판은 적갈색에서 검은색이다. 머리는 너비와 길이가 거의 비슷하며, 수컷 더듬이 삽입점 부근에 잘 발달된 뿔이 있고, 암컷은 덜 발달되어 있다. 눈은 매우 볼록하다. 앞가슴등판은 너비가 길이보다 약간 더 넓으며 수컷은 매우 긴 뿔이 있다.

생태 특징

어른벌레는 6월에서 8월에 관찰된다. 어른벌레는 해안이나 하천 주변의 뻘에서 발견되며, 밤에 불빛에 날아오기도 한다.

국내 분포 전국적으로 분포한다.
국외 분포 일본, 중국에 분포한다.

Pseudoxyporus melanocephalus (Kirschenblatt, 1938)

국명미정

형태 특징
크기 몸 길이는 8.0~10.2mm이다.
주요 형질 몸은 길쭉하다. 머리는 검은색이고, 더듬이 첫째마디는 검은색, 둘째에서 넷째마디는 적갈색에서 어두운 갈색, 다섯째에서 열한째는 두가지 색으로 가운데는 어두운 갈색이고 바깥쪽은 노란색이다. 목은 적갈색에서 어두운 갈색이고, 앞가슴등판은 노란색에서 적갈색이다. 배는 어두운 갈색에서 검은색이다. 큰턱은 가늘고 길다. 딱지날개에 3개의 긴 세로 점각렬이 있다.

생태 특징
어른벌레는 6월에서 9월에 관찰된다. 어른벌레는 버섯을 먹는 것으로 알려져 있으며, 비행간섭트랩(FIT)를 통해서도 채집된다.

국내 분포 중부지역에 분포한다.
국외 분포 러시아에 분포한다.

나도딱부리반날개

Stenus comma LeConte, 1863

형태 특징

크기 몸 길이는 5~6mm이다.

주요 형질 몸은 길쭉하고 가늘며 약간 광택이 있다. 전체적으로 검은색이고 부속지도 검은색이며 딱지날개의 중앙에 노란색에서 주황색의 둥근 점무늬가 있다. 눈이 매우 크고 돌출되어 있다. 앞가슴등판은 원통형이며 길이가 더 길다. 딱지날개의 길이는 앞가슴등판의 길이와 비슷하다.

생태 특징

어른벌레는 4월에서 10월까지 관찰된다. 어른벌레는 강가에서 발견된다.

국내 분포 전국적으로 분포한다.

국외 분포 중국, 일본, 러시아, 이라크, 카자흐스탄, 몽골, 터키, 유럽, 신북구에 분포한다.

구리딱부리반날개

Stenus mercator Sharp, 1889

형태 특징

크기 몸 길이는 약 6mm이다.

주요 형질 몸은 길쭉하고 가늘며 약간 광택이 있다. 전체적으로 검은색이고 부속지는 밝은 갈색에서 노란색이다. 눈이 매우 크고 돌출되어 있다. 앞가슴등판은 원통형이며 길이가 더 길다. 딱지날개의 길이는 앞가슴등판의 길이와 비슷하다.

생태 특징

어른벌레는 5월에서 8월까지 관찰된다. 어른벌레는 강가에서 발견되며 작은 절지동물을 먹고 산다.

국내 분포 전국적으로 분포한다.
국외 분포 중국, 일본, 러시아에 분포한다.

검붉은딱지왕개미반날개

Domene chenpengi Li, Chen, Yin, Zhong & Zhao, 1990

형태 특징
크기 크기: 몸 길이는 7.0~7.6mm이다.
주요 형질 몸은 길쭉하다. 머리와 앞가슴등판은 어두운 갈색이고, 딱지날개는 갈색이나 앞쪽과 뒤쪽은 적갈색을 띠며, 배는 갈색이고 다리는 황갈색다. 머리는 둥글고 겹눈의 뒤에서 가장 넓다. 뚜렷한 목이 있다. 더듬이는 딱지날개의 뒷가장자리에 이르며, 모든 더듬이마디는 길이가 너비보다 더 길다. 앞가슴등판은 머리의 너비와 비슷하며 앞쪽 1/3지점에서 가장 넓다. 딱지날개에는 뚜렷한 세로 융기선이 없다.

생태 특징
어른벌레는 4월에서 10월에 관찰된다. 주로 낙엽지에서 발견되며, 나무껍질 밑에서도 관찰된다. 밤에 불빛에 날아오기도 한다.

국내 분포 전국적으로 분포한다.
국외 분포 중국, 러시아에 분포한다.

큰개미반날개

Isocheilus staphylinoides (Kraatz, 1859)

형태 특징
크기 몸 길이는 7~9mm이다.
주요 형질 몸은 길쭉하고 위아래로 다소 납작하다. 전체적으로 갈색이며 머리는 어두운 갈색,
딱지날개의 끝은 밝은 갈색이다. 머리는 뒤쪽으로 넓어진다. 앞가슴등판의 앞가장자리는
중앙이 볼록하며 옆이 오목하다. 배는 끝으로 갈수록 점점 좁아진다.

생태 특징
어른벌레는 6월에서 8월에 관찰된다. 밤에 불빛에 날아오기도 한다.

국내 분포 전국적으로 분포한다.
국외 분포 중국, 일본, 러시아, 대만, 동양구에 분포한다.

개미반날개붙이

Lithocharis nigriceps Kraatz, 1859

형태 특징
크기 몸 길이는 3.3~3.7mm이다.
주요 형질 몸은 길쭉하고 양옆이 비교적 평행하다. 전체적으로 갈색에서 황갈색이며, 머리는 검은색, 배는 어두운 갈색이고 광택이 있다. 앞가슴등판은 딱지날개보다 좁고 사각형이며, 구멍이 촘촘하다. 딱지날개는 앞가슴등판보다 길다.

생태 특징
어른벌레는 7월에서 10월에 관찰된다. 쌓아놓은 볏짚이나 콩깍지 아래에서 발견된다.

국내 분포 전국적으로 분포한다.
국외 분포 중국, 일본, 대만, 전세계에 분포한다.

긴머리반날개

Ochthephilum densipenne (Sharp, 1889)

형태 특징
크기 몸 길이는 약 10mm이다.
주요 형질 몸은 좁고 길쭉하다. 전체적으로 검으며 더듬이와 다리는 황갈색을 띤다. 머리는 가늘고 길다. 앞가슴등판은 가늘고 길며 머리의 너비보다 약간 더 넓다. 딱지날개는 짧다.

생태 특징
어른벌레는 3월에서 9월에 관찰된다. 주로 침엽수에서 발견되며, 벌채목에서도 흔히 관찰된다. 애벌레로 겨울을 난다.

국내 분포 전국적으로 분포한다.
국외 분포 중국, 일본에 분포한다.

청딱지개미반날개

Paederus fuscipes Curtis, 1826

형태 특징

크기 몸 길이는 약 7mm이다.

주요 형질 몸은 길쭉하고 가늘며 광택이 있다. 머리와 일곱째 배마디등판부터 끝까지는 검은색이고 앞가슴등판, 셋째에서 여섯째 배마디등판, 다리는 붉은색, 딱지날개는 녹색이다. 머리는 둥글고 큰 홈이 있다. 앞가슴등판은 뒤쪽으로 좁아진다. 딱지날개는 앞가슴등판의 길이보다 약간 더 길며 끝이 뭉툭하다.

생태 특징

어른벌레는 1월에서 12월까지 1년 내내 관찰된다. 어른벌레는 강가나 논 주위의 흙에서 발견된다. 독을 가지고 있어 약한 피부에 닿으면 물집이 생길 수 있다.

국내 분포 전국적으로 분포한다.

국외 분포 신북구를 제외한 전세계에 분포한다.

곳체개미반날개

Paederus gottschei Kolbe, 1886

형태 특징

크기 몸 길이는 9~13mm이다.

주요 형질 몸은 길고 좁으나 앞가슴등판과 배가 볼록하여 개미같이 보인다. 광택이 강하다. 가슴과 배는 붉은색이고, 나머지는 청록색에서 어두운 녹색이다. 앞가슴등판은 매우 볼록하다. 딱지날개는 매우 짧아 배의 거의 전체가 드러나 있다.

생태 특징

어른벌레는 4월에서 10월에 관찰된다. 산지에서 발견되며 비교적 고도가 높은 곳에서 잘 발견된다.

국내 분포 전국적으로 분포한다.

국외 분포 중국, 러시아에 분포한다.

수중다리반날개

Pinophilus lewisius Sharp, 1874

형태 특징

크기 몸 길이는 8.0~8.5mm이다.

주요 형질 몸은 길쭉하고 양옆이 비교적 평행하며 원통형이다. 전체적으로 어두운 갈색에서 검은색이며 더듬이와 다리는 갈색이다. 머리는 앞가슴등판보다 뚜렷이 좁으며, 더듬이는 짧고 염주모양이다. 앞가슴등판은 딱지날개보다 넓으며 길이보다 너비가 약간 더 넓다. 딱지날개는 앞가슴등판보다 약간 더 길다. 앞다리 넓적다리마디는 크게 확장되어 있다.

생태 특징

어른벌레는 5월에서 10월에 관찰된다. 어른벌레는 밤에 불빛에 날아오기도 한다.

국내 분포 전국적으로 분포한다.
국외 분포 일본, 대만에 분포한다.

센털가슴개미반날개

Sunesta setigera (Sharp, 1874)

형태 특징

크기 몸 길이는 3.2~3.7mm이다.

주요 형질 몸은 길죽하며 다섯째 배마디등판에서 가장 넓다. 머리와 앞가슴등판은 갈색에서 적갈색이며, 딱지날개와 배, 다리는 갈색이다. 몸에 길고 강한 센털이 나 있다. 이마방패는 잘 발달되어 있고, 눈은 크고 돌출되어 있으며 머리의 뒷가장자리는 뭉툭하다. 목이 있다. 앞가슴등판은 둥글며 앞쪽 1/3지점에서 가장 넓다. 딱지날개는 앞가슴등판보다 넓고, 약간 더 길며 뒷가장자리는 물결모양이 아니다.

생태 특징

어른벌레는 3월에서 5월에 관찰된다. 어른벌레는 낙엽이나 돌 밑에서 발견된다.

국내 분포 전국적으로 분포한다

국외 분포 일본, 대만, 태국, 오스트레일리아구, 동양구에 분포한다.

가슴반날개

Algon sphaericollis Schillhammer, 2006

형태 특징

크기 몸 길이는 11.5~13mm이다.

주요 형질 몸은 길고 좁으며 광택이 매우 강하다. 전체적으로 검은색이다. 머리에 작은 구멍이 있다. 앞가슴등판은 뒤쪽으로 조금 넓어진다. 딱지날개에 많은 털이 있다.

생태 특징

어른벌레는 4월에서 7월에 관찰된다. 산지의 동물의 배설물이나 두엄에서 발견되며 파리 애벌레 등을 먹는다.

국내 분포 중부지역에 분포한다.
국외 분포 중국, 러시아에 분포한다.

쇠바닷말반날개

Cafius algarum (Sharp, 1874)

형태 특징

크기 몸 길이는 4.4~5.5mm이다.

주요 형질 몸은 길고 가늘며 양옆이 평행하고, 다소 납작하다. 전체적으로 검은색이며 부속지는 어두운 갈색에서 갈색이다. 더듬이는 머리와 앞가슴등판을 함한 길이보다 길다. 눈은 크다. 앞가슴등판의 가운데에 긴 세로융기선이 있다. 가운데가슴배판에 가로 융기선이 있다. 딱지날개는 앞가슴등판보다 약간 넓으며 털이 있다.

생태 특징

어른벌레는 4월에서 10월에 관찰된다. 해변의 썩은 해조류 밑에서 발견된다.

국내 분포 전국의 해안에서 발견된다.

국외 분포 일본에 분포한다.

빨강바닷말반날개

Cafius rufescens Sharp, 1889

형태 특징

크기 몸 길이는 5~6mm이다.

주요 형질 몸은 길쭉하고 다소 납작하다. 전체적으로 검은색에서 흑적색이며 딱지날개, 배, 더듬이, 다리는 적갈색이다. 머리는 너비와 길이가 비슷하며, 앞가슴등판의 너비와 비슷하다. 눈은 크고 관자놀이의 길이보다 짧다. 앞가슴등판은 길이가 더 길며, 양옆은 거의 평행하다. 세로 융기선은 뚜렷하다.

생태 특징

어른벌레는 4월에서 9월에 관찰된다. 바닷가의 해조류 밑에서 발견된다.

국내 분포 전국의 해안에 분포한다.
국외 분포 중국, 일본, 러시아에 분포한다.

검둥바닷말반날개

Cafius vestitus (Sharp, 1874)

형태 특징
크기 몸 길이는 7.0~9.0mm이다.
주요 형질 몸은 길쭉하고 양옆이 비교적 평행하다. 전체적으로 검은색이다. 머리는 길이가 너비보다 더 길며, 앞가슴등판의 너비와 비슷하다. 더듬이는 머리와 앞가슴등판을 합한 길이보다 길다. 눈은 매우 크다. 앞가슴등판은 앞가장자리에서 가장 넓고 뒤쪽으로 좁아진다. 딱지날개는 앞가슴등판보다 넓고 촘촘한 털이 있다.

생태 특징
어른벌레는 1월에서 12월에 관찰된다. 어른벌레는 해안의 썩은 해조류에서 발견되며, 파리 애벌레를 먹는 것으로 알려져 있다.

국내 분포 전국적으로 분포한다.
국외 분포 일본에 분포한다.

왕반날개

Creophilus maxillosus (Linnaeus, 1758)

형태 특징
크기 몸 길이는 약 15mm이다.
주요 형질 몸은 비교적 크고 길며, 경화가 잘되어 있다. 광택이 강하다. 더듬이는 앞가슴등판의 뒷가장자리에 이르지 못한다. 전체적으로 검은색이나 딱지날개와 배에 회백색의 털이 있다. 큰턱이 잘 발달하였다. 딱지날개가 짧아 배가 많이 드러나 있다.

생태 특징
어른벌레는 5월에서 8월에 관찰된다. 동물의 배설물이나 두엄 등에서 발견되며 파리 애벌레와 같은 작은 절지동물을 잡아먹는다.

국내 분포 전국적으로 분포한다.
국외 분포 중국, 일본, 러시아를 포함한 전세계에 분포한다.

어리큰칠흑반날개

Liusus hilleri (Weise, 1877)

형태 특징
크기 몸 길이는 약 10mm이다.

주요 형질 몸은 길쭉하고 원통형이다. 전체적으로 검은색이나 딱지날개는 붉은색이고 광택이 강하다. 더듬이는 염주모양이며 짧다. 눈은 크다. 앞가슴등판의 뒷가장자리는 둥글다. 딱지날개는 앞가슴등판의 너비보다 넓고 뒷가장자리의 모서리는 둥글다. 앞다리 발목마디는 넓적하다.

생태 특징
어른벌레는 4월에서 10월에 관찰된다. 바닷가의 해조류 밑에서 발견된다.

국내 분포 전국의 해안에 분포한다.
국외 분포 일본, 러시아에 분포한다.

한국반날개

Ocypus coreanus (J. Müller, 1925)

형태 특징
크기 몸 길이는 약 25mm이다.
주요 형질 국내 반날개 무리들 중 가장 큰편이다. 딱지날개의 뒷가장자리에서 가장 넓으며 광택이 있다. 전제석으로 검은색이다. 머리는 크고 둥글다. 앞가슴등판은 원통형으로 뒤쪽으로 약간 넓어진다. 딱지날개는 앞가슴등판의 길이보다 짧다.

생태 특징
어른벌레는 5월에서 10월에 관찰된다. 주로 밤에 활동하며 낮에는 숨어 있는다. 고도가 높은 산에서 많이 발견된다.

국내 분포 중부지역에 분포한다.
국외 분포 중국, 러시아에 분포한다.

노랑털검정반날개

Ocypus weisei Harold, 1877

형태 특징

크기 몸 길이는 16~19mm이다.

주요 형질 반날개과 무리중 비교적 큰 편이며 몸이 길다. 딱지날개의 뒷가장자리에서 가장 넓다. 전체적으로 검은색에 금색에서 갈색의 털로 덮여 있다. 앞가슴등판에 작은 구멍이 촘촘하다. 다리는 갈색이다. 배는 유연하여 여러 방향으로 움직일 수 있다.

생태 특징

어른벌레는 4월에서 10월에 관찰된다. 산지에서 관찰되며 주로 계곡주변을 걸어다니는 모습 등을 볼 수 있다.

국내 분포 전국적으로 분포한다.
국외 분포 중국, 일본에 분포한다.

녹슬은반날개

Ontholestes gracilis (Sharp, 1874)

형태 특징

크기 몸 길이는 13~16mm이다.

주요 형질 몸은 길쭉하고 위아래로 다소 납작하며, 광택이 있다. 머리와 앞가슴등판, 딱지날개는 금속광택이 있는 구리빛을 띠며 보이는 첫째에서 셋째 배마디등판은 노란색 털로 덮여 있고, 나머지는 검은색이다. 머리는 뒤쪽이 뭉툭하고 눈은 크고 돌출되어 있다. 앞가슴등판의 앞가두리의 모서리는 뾰족하다. 앞가슴등판과 딱지날개의 둥근 무늬가 있다.

생태 특징

어른벌레는 5월에서 9월까지 관찰된다. 어른벌레와 애벌레 모두 육식성이며 버섯에서도 발견된다.

국내 분포 전국적으로 분포한다.
국외 분포 중국, 일본, 러시아에 분포한다.

남색좀반날개

Philonthus cyanipennis (Fabricius, 1792)

형태 특징

크기 몸 길이는 10~14mm이다.

주요 형질 몸은 길고 비교적 두꺼우며 광택이 강하다. 딱지날개의 뒷가장자리에서 가장 넓다. 전체적으로 검은색이며 딱지날개는 금속 광택이 있는 파란색이다. 머리는 긴 사각형으로 이마가 약간 오목하게 들어가 있고, 뒤쪽으로 뚜렷하게 좁아진다. 앞가슴등판은 마름모 모양으로 너비가 약간 더 넓다.

생태 특징

어른벌레는 5월에서 8월에 관찰된다. 산지에서 관찰되며 음식물 쓰레기나 썩은 버섯 등에서 발견된다.

국내 분포 전국적으로 분포한다.
국외 분포 중국, 러시아, 유럽에 분포한다.

주홍좀반날개

Philonthus spinipes Sharp, 1874

형태 특징

크기 몸 길이는 12~14.5mm이다.

주요 형질 몸은 길고 광택이 있다. 전체적으로 검은색이나 딱지날개는 적갈색이며 종아리 마디와 발목마디는 황갈색이다. 머리는 너비가 뚜렷이 더 넓으며 앞가슴등판보다 좁다. 눈은 관자놀이보다 길다. 앞가슴등판의 너비와 길이는 비슷하다. 딱지날개는 너비가 더 넓으며 작은 구멍과 털이 촘촘하다.

생태 특징

어른벌레는 6월에서 10월에 관찰된다. 알려지지 않았다.

국내 분포 전국적으로 분포한다.
국외 분포 일본에 분포한다.

붉은테좀반날개

Philonthus tardus Kraatz, 1859

형태 특징
크기 몸 길이는 10~11mm이다.
주요 형질 몸은 길쭉하고 전체적으로 검은색이나 딱지날개는 흑적색이고 다리는 적갈색이며 광택이 강하다. 머리는 너비와 길이가 비슷하며, 앞가슴등판보다 좁다. 눈 길이는 관자놀이보다 길다. 앞가슴등판은 마름모꼴이며 뒤쪽으로 넓어진다.

생태 특징
어른벌레는 4월에서 9월에 관찰된다. 생태는 알려지지 않았다.

국내 분포 전국적으로 분포한다.
국외 분포 중국, 일본, 대만, 아프리카구, 동양구에 분포한다.

해변반날개

Phucobius simulator Sharp, 1874

형태 특징

크기 몸 길이는 10~12mm이다.

주요 형질 몸은 길쭉하고 딱지날개의 뒷가장자리에서 가장 넓다. 전체적으로 검은색이나 딱지날개는 붉은색이고 광택이 강하다. 머리는 너비가 약간 더 넓으며, 앞가슴등판의 너비와 비슷하다. 앞가슴등판은 마름모 모양이며 길이와 너비가 비슷하다.

생태 특징

어른벌레는 4월에서 10월에 관찰된다. 바닷가의 해조류나 쓰레기, 나무껍질 등에서 발견되며 개체수가 많다.

국내 분포 전국의 해안에 분포한다.
국외 분포 중국, 일본, 러시아에 분포한다.

홍딱지반날개

Platydracus brevicornis (Motschulsky, 1862)

형태 특징
크기 몸 길이는 15~19mm이다.
주요 형질 몸은 길쭉하고 가늘며 광택이 있다. 머리와 앞가슴등판은 검은색, 딱지날개와
배 끝 마디는 밝은 갈색, 배는 푸른빛을 띠며 몸 전체에 노란색 털로 덮여 있다. 큰턱이 잘 발
달되어 있으며, 머리 뒤쪽은 뭉툭하다. 목이 뚜렷하다. 앞가슴등판의 모서리는 각져있지 않
고 둥글다. 딱지날개의 길이는 앞가슴등판과 비슷하다.

생태 특징
어른벌레는 5월에서 9월까지 관찰된다. 어른벌레는 동물의 사체나 배설물에서 흔히 발견된
다.

국내 분포 전국적으로 분포한다.
국외 분포 중국, 일본, 러시아에 분포한다.

띠반날개

Platydracus circumcinctus (Bernhauer, 1914)

형태 특징
크기 몸 길이는 13~20mm이다.
주요 형질 몸은 갈색에서 어두운 갈색이고 머리는 검은색이다. 눈은 크고 관자놀이의 길이보다 뚜렷이 길다. 앞가슴등판은 사각형에 가깝고 표면의 털은 양옆을 향한다. 종아리마디의 바깥쪽에 가시로 이루어진 열이 있다.

생태 특징
관찰시기는 잘 알려지지 않았다. 작은 절지동물을 먹는다.

국내 분포 알려지지 않았다.
국외 분포 일본, 대만, 인도에 분포한다.

나도우리반날개

Platydracus plebejus (Bernhauer, 1915)

형태 특징
크기 몸 길이는 9~17mm이다.
주요 형질 몸은 길고 두껍다. 전체적으로 구릿빛이 있는 검은색이며 광택이 있다. 앞가슴등판의 앞쪽은 강하게 물결모양이다. 딱지날개는 앞가슴등판보다 넓다. 뒷날개가 잘 발달하였다. 배끝에 노란색 털이 있다.

생태 특징
어른벌레는 6월에서 8월에 관찰된다. 산지에서 발견되며 밤에 불빛에 날아오기도 한다.

국내 분포 전국적으로 분포한다.
국외 분포 일본에 분포한다.

큰황점빗수염반날개

Quedius setosus Sharp, 1889

형태 특징
크기 몸 길이는 10~13mm이다.
주요 형질 몸은 두껍고 길다. 몸은 전체적으로 검고 머리는 앞가슴등판보다 짙은 색이다.
머리는 앞가슴등판보다 약간 좁다. 앞가슴등판은 너비가 1.3배 더 넓다. 수컷 생식기는 길쭉
하고 끝으로 점점 좁아진다.

생태 특징
어른벌레는 4월에서 10월에 관찰된다. 생태는 알려지지 않았다.

국내 분포 전국적으로 분포한다.
국외 분포 일본에 분포한다.

왕사슴벌레

Dorcus hopei Waterhouse, 1874

형태 특징
크기 몸 길이는 수컷: 27~76mm, 암컷: 25~45mm이다.
주요 형질 몸은 크고 납작하다. 검은색에서 어두운 갈색으로 광택은 약하나, 작은 개체에서는 광택이 강하기도 하다. 수컷의 큰턱은 길고 둥글게 안쪽으로 굽어 있다. 암컷은 광택이 강하고 딱지날개에 뚜렷한 세로줄이 있다.

생태 특징
어른벌레는 6월에서 9월까지 관찰된다. 어른벌레는 밤에 참나무류의 진에 모인다. 비행성이 좋지 않아 빛에 잘 날아오지 않는다.

국내 분포 제주도를 제외한 전국에 분포한다.
국외 분포 일본에 분포한다.

수컷

암컷

애사슴벌레

Dorcus rectus (Motschulsky, 1858)

형태 특징

크기 몸 길이는 수컷: 17~53.5mm, 암컷: 12~29.9mm이다.

주요 형질 몸은 어두운 갈색에서 검은색이며 광택이 약하다. 수컷의 큰턱은 얇고 길며 가운데 이가 있다. 암컷의 큰턱은 흔적만 보인다. 암컷의 딱지날개에 작은 점이 세로로 나란히 있다.

생태 특징

어른벌레는 5월에서 9월까지 관찰된다. 어른벌레는 늦봄부터 초가을까지 보이며, 참나무류의 나무진이나 과일에 모인다. 밤에 불빛에 날아온다.

국내 분포 전국적으로 분포한다.

국외 분포 중국, 일본, 대만, 러시아에 분포한다.

수컷

암컷

홍다리사슴벌레

Dorcus rubrofemoratus (SnellenvanVollenhoven, 1865)

형태 특징
크기 몸 길이는 수컷: 18~58.5mm, 암컷: 19~38mm이다.
주요 형질 몸은 검은색이며, 약한 광택이 있거나 없다. 수컷의 큰턱은 가늘고 안쪽으로
약간 굽었다. 넓적다리마디의 배면과 배가 붉은색이다.

생태 특징
어른벌레는 6월에서 9월까지 관찰된다. 참나무류의 나무진이나 과일에 모인다. 밤에 불빛에
날아온다.

국내 분포 전국적으로 분포한다.
국외 분포 중국, 일본, 대만, 러시아에 분포한다.

넓적사슴벌레

Dorcus titanus Motschulsky, 1861

형태 특징
크기   몸 길이는 수컷: 20~84mm, 암컷: 20~42mm이다.
주요 형질   몸은 전체적으로 납작하다. 크기가 다양하며, 작은 개체 일수록 광택이 강하다.
암수의 형태적 차이가 매우 크다. 수컷은 큰턱이 길고 튼튼하며, 평행하다. 암컷은 큰턱이 작다.

생태 특징
어른벌레는 6월에서 9월까지 관찰된다. 어른벌레는 낮에 참나무류에 숨어 있고, 밤에 나무진
이나 과일에 모인다. 불빛에 날아온다.

국내 분포   전국적으로 분포한다.
국외 분포   중국, 일본에 분포한다.

사슴벌레

Lucanus maculifemoratus Parry, 1873

형태 특징
크기 몸 길이는 수컷: 27~68mm, 암컷: 23~40mm이다.
주요 형질 몸은 적갈색에서 암갈색이다. 수컷의 큰턱은 길고 튼튼하며, 사슴뿔의 모양과 비슷하다. 이마방패는 아래쪽으로 늘어져 있다. 수컷의 머리는 크고 뒷가장자리의 모서리가 넓게 확장되었다.

생태 특징
어른벌레는 6월에서 9월까지 관찰된다. 참나무류의 나무진이나 과일에 모인다. 밤에 불빛에 날아온다.

국내 분포 전국적으로 분포한다.
국외 분포 중국, 러시아에 분포한다.

다우리아사슴벌레

Prismognathus dauricus (Motschulsky, 1860)

형태 특징

크기 몸 길이는 수컷: 11~37.5mm, 암컷: 12~23.3mm이다.

주요 형질 몸은 전체적으로 납작하다. 크기가 다양하며, 몸과 다리는 적갈색 내지 암갈색이다. 큰턱은 거의 평행하나, 수컷은 위로 솟았다. 이마방패는 너비가 더 넓은 직사각형이다.

생태 특징

어른벌레는 7월에서 9월까지 관찰된다. 참나무류의 나무진이나 과일에 모인다. 비행성이 좋으며, 불빛에 날아온다.

국내 분포 전국적으로 분포한다.

국외 분포 중국, 러시아, 동양구에 분포한다.

두점박이사슴벌레

Prosopocoilus astacoides (Parry, 1873)

멸종위기야생동식물II급

형태 특징

크기 몸 길이는 수컷: 26.2~66.7mm, 암컷: 24.2~31.2mm이다.

주요 형질 몸은 전체적으로 납작하다. 황갈색 또는 어두운 갈색이며, 앞가슴등판의 가운데에 검은 세로줄이 있고 양 옆에 검은 점무늬가 있다. 수컷의 큰턱은 안쪽으로 약간 구부러졌다. 이마방패는 직사각형이며, 앞가장자리 가운데가 약간 오목하다.

생태 특징

어른벌레는 7월에서 9월까지 관찰된다. 참나무류의 나무진이나 과일에 모인다. 밤에 불빛에 날아온다.

국내 분포 제주도에 분포한다.
국외 분포 중국, 일본, 대만, 네팔에 분포한다

수컷

암컷

톱사슴벌레

Prosopocoilus inclinatus (Motschulsky, 1858)

형태 특징
크기 몸 길이는 수컷: 22~74.7mm, 암컷: 23~37.6mm이다.
주요 형질 몸은 적갈색에서 어두운 갈색이다. 수컷의 큰턱은 아래로 굽어 있으며, 톱날같은 작은 이가 촘촘히 있다. 크기가 작은 개체는 턱이 매우 작다.

생태 특징
어른벌레는 6월에서 9월까지 관찰된다. 참나무류의 나무진이나 과일에 모인다. 밤에 불빛에 날아온다.

국내 분포 전국적으로 분포한다.
국외 분포 중국, 일본, 동양구에 분포한다.

보라금풍뎅이

Phelotrupes auratus (Motschulsky, 1857)

형태 특징
크기 몸 길이는 14~22mm이다.
주요 형질 몸은 둥글고 볼록하다. 등면은 광택이 매우 강하고 검은색, 녹색, 청색, 보라색 등
개체변이가 많다. 이마방패의 앞가장자리 가운데는 오목하다. 딱지날개의 점각은 뚜렷하다.

생태 특징
어른벌레는 4월에서 9월까지 관찰된다. 들판부터 산악까지 관찰된다. 낮에 동물의 똥을 찾아
날아다니며, 사람의 똥에도 모인다.

국내 분포 전국적으로 분포한다.
국외 분포 중국, 일본, 러시아에 분포한다.

극동붙이금풍뎅이

Notochodaeus maculatus (Kim, 1990)

형태 특징
크기 몸 길이는 7.0~10.0mm이다.
주요 형질 몸은 알모양이며 위아래로 매우 볼록하게 두껍다. 전체적으로 갈색에서 황갈색이나 머리와 앞가슴등판의 중앙은 검은색이고 다리와 배면은 검은색이다. 몸 전체에 긴 털로 덮여 있다. 더듬이는 어두운 갈색이며 곤봉부는 광택이 있고 검은색이다. 작은방패판은 긴 삼각형이며 뚜렷하다. 앞다리 종아리마디는 넓게 발달되어 있다.

생태 특징
어른벌레는 5월에서 8월에 관찰된다. 어른벌레는 해질녘에 풀숲을 낮게 날아다니며 동물의 사체에서 발견된다.

국내 분포 전국적으로 분포한다.
국외 분포 일본에 분포한다.

알락풍뎅이

Anthracophora rusticola Burmeister, 1842

형태 특징
크기 몸 길이는 16~22mm이다.
주요 형질 몸은 넓적하고 등면은 갈색의 털로 덮여있으며, 검은 무늬가 흩어져 있다. 이마방패의 앞가장자리는 뭉툭하다. 앞다리 종아리마디의 바깥쪽 돌기는 3개이다. 딱지날개의 바깥쪽 가두리는 앞쪽 1/3지점에서 거의 오목하지 않다.

생태 특징
어른벌레는 4월에서 11월까지 관찰된다. 어른벌레는 나무진에 모인다. 1990년대 이후 드물게 관찰되던 종이었으나, 최근 트랩에 의해 여러마리가 유인되는 것이 확인되었다.

국내 분포 전국적으로 분포한다.
국외 분포 중국, 일본, 러시아에 분포한다.

꽃무지

Cetonia pilifera Motschulsky, 1860

형태 특징
크기　몸 길이는 14~20mm이다.
주요 형질　몸은 넓적하고 적갈색 또는 어두운 적갈색이다. 때때로 녹색을 띠기도 한다.
광택은 없거나 약하다. 이마방패 앞가장자리의 가운데는 오목하다. 앞다리 종아리마디의
바깥쪽 돌기는 3개이다. 딱지날개의 바깥쪽 가두리는 앞쪽 1/3지점에서 오목하다.

생태 특징
어른벌레는 4월에서 11월까지 관찰된다. 어른벌레는 여러 꽃에 날아와 꽃가루를 먹는다. 정
확한 생태는 아직 알려지지 않았다.

국내 분포　전국적으로 분포한다.
국외 분포　중국, 일본, 러시아에 분포한다.

사슴풍뎅이

Dicronocephalus adamsi Pascoe, 1863

형태 특징
크기 몸 길이는 21~35mm이다.
주요 형질 몸은 넓적하며, 앞가슴등판은 반구형으로 가운데가 가장 넓다. 암수의 모습이 매우 다르다. 수컷은 온몸이 회백색 가루로 덮여있고 머리에 두 갈래의 뿔과 같은 돌기가 있으며 앞가슴등판의 가운데에 길게 회백색 가루가 덮이지 않은 부분이 있어 갈색 무늬같이 보인다. 앞다리가 매우 길다. 암컷은 적갈색 또는 암갈색이며 머리에 뿔이 없다.

생태 특징
어른벌레는 5월에서 7월까지 관찰된다. 어른벌레는 활엽수의 진에 모인다. 짝짓기시 수컷은 긴 앞다리로 암컷을 꽉 잡는다.

국내 분포 전국적으로 분포한다.
국외 분포 중국에 분포한다.

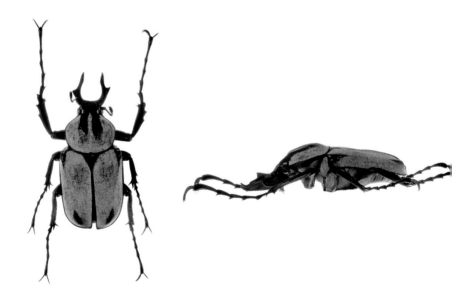

풀색꽃무지

Gametis jucunda (Faldermann, 1835)

형태 특징

크기 몸 길이는 10~14mm이다.

주요 형질 몸은 납작하고 녹색이나 적갈색이지만, 개체에 따른 색 변이가 많다. 광택은 없고 짧은 털이 있다. 딱지날개에 노란색의 무늬들이 있다. 이마방패의 앞가장자리가 오목하다.

생태 특징

어른벌레는 3월에서 11월까지 관찰된다. 우리나라에서 가장 흔한 꽃무지로 개체변이가 많다. 산이나 꽃이 있는 곳 어디에서나 관찰된다. 애벌레는 땅 속에서 썩은 유기물을 먹는다.

국내 분포 전국적으로 분포한다.

국외 분포 중국, 일본, 러시아, 네팔, 인도에 분포한다.

검정꽃무지

Glycyphana fulvistemma Motschulsky, 1858

형태 특징
크기 몸 길이는 11~14mm이다.

주요 형질 몸은 넓적하고 검은색이다. 이마방패의 앞가두리는 좁다. 앞가슴등판의 기부 양쪽에 둥글게 눌린 자국이 있다. 딱지날개의 가운데에 노란색의 넓은 무늬가 있으나 개체에 따라 모양이 다양하며, 작은 점무늬도 퍼져 있다.

생태 특징
어른벌레는 4월에서 10월까지 관찰된다. 어른벌레는 국수나무, 개망초, 찔레 등에 날아와 꽃가루를 먹는다.

국내 분포 전국적으로 분포한다.
국외 분포 중국, 일본, 러시아, 대만에 분포한다.

긴다리호랑꽃무지

Gnorimus subopacus Motschulsky, 1860

형태 특징

크기 몸 길이는 15~22mm이다.

주요 형질 몸은 넓고 납작하며, 광택이 없다. 녹색 또는 갈색이다. 앞가슴등판과 딱지날개에 밝은 무늬가 흩어져 있다. 몸에 털이 많다. 딱지날개에 2개의 약한 세로 융기선이 있다. 뒷다리가 뚜렷이 길다. 배끝에 밝은 색의 털이 있다.

생태 특징

어른벌레는 5월에서 9월까지 관찰된다. 어른벌레는 벌채목 주변을 날아다니거나 여러 꽃에 모여들어 꽃가루를 먹는다.

국내 분포 전국적으로 분포한다.

국외 분포 중국, 일본, 러시아에 분포한다.

호랑꽃무지

Lasiotrichius succinctus (Pallas, 1781)

형태 특징
크기 몸 길이는 8~13mm이다.
주요 형질 몸은 검은색이며, 전체에 노란색 털이 많이 있다. 딱지날개에 3개의 넓은 노란색 가로무늬가 있다. 이마방패 앞가장자리의 가운데는 오목하다.

생태 특징
어른벌레는 4월에서 11월까지 관찰된다. 어른벌레는 개망초, 엉겅퀴 등 다양한 꽃에 모여 먹이활동과 짝짓기를 한다. 애벌레는 죽은 나무속에서 발견된다.

국내 분포 전국적으로 분포한다.
국외 분포 중국, 일본, 러시아, 몽골에 분포한다.

넓적꽃무지

Nipponovalgus angusticollis (Waterhouse, 1875)

형태 특징
크기 몸 길이는 4~7mm이다.
주요 형질 몸은 짧고 넓으며, 위아래로 편평하고 광택이 있다. 전체적으로 검은색이며 황백색 비늘이 덮여 있다. 이마방패는 앞쪽이 오목하다. 앞가슴등판에 2개의 세로 융기선이 있다. 딱지날개는 앞가슴등판보다 뚜렷이 넓다. 배의 양쪽 끝에 황백색의 점무늬가 있다.

생태 특징
어른벌레는 6월에서 10월까지 관찰된다. 어른벌레 수컷은 꽃에서 발견되고 암컷은 죽은 나무 속에서 발견된다.

국내 분포 전국적으로 분포한다.
국외 분포 일본에 분포한다.

점박이꽃무지

Protaetia orientalis (Burmeiste, 1842)

형태 특징
크기 몸 길이는 16~25mm이다.
주요 형질 몸은 납작하다. 전체적으로 녹색 또는 적갈색이나, 개체변이가 많다. 이마방패 앞가장자리의 가운데는 뚜렷이 오목하다. 딱지날개에 흰색의 줄무늬가 있지만, 변이가 많다.

생태 특징
어른벌레는 4월에서 11월까지 관찰된다. 꽃무지류의 애벌레는 한약재로 판매된다.

국내 분포 전국적으로 분포한다.
국외 분포 중국, 일본에 분포한다.

풍이

Pseudotorynorrhina japonica (Hope, 1841)

형태 특징

크기 몸 길이는 25~33mm이다.

주요 형질 몸은 길고 납작하다. 녹갈색에서 붉은색을 띠나 녹색, 남색, 흑색 등의 개체변이가 많다. 광택이 매우 강하다. 이마방패의 앞가장자리는 뭉툭하다. 암컷의 종아리마디가 넓다.

생태 특징

어른벌레는 5월에서 9월까지 관찰된다. 여름에 참나무류에 모여 진을 먹는다. 떨어진 과일 등에 모이기도 한다.

국내 분포 전국적으로 분포한다.

국외 분포 중국, 일본, 대만에 분포한다.

쇠털차색풍뎅이

Adoretus hirsutus Ohaus, 1914

형태 특징

크기 몸 길이는 9.0~11.5mm이다.

주요 형질 몸은 짧은 알모양이다. 전체적으로 황갈색에서 어두운 갈색이며 촘촘한 털로 덮여 있다. 이마 또는 눈의 주변, 발목마디는 어두운 갈색이다. 이마방패는 반원형이다. 앞가 슴등판은 머리보다 뚜렷이 넓고 너비는 길이의 2배가 넘는다. 딱지날개의 앞가장자리는 앞가 슴등판의 뒷가장자리 너비와 비슷하며 긴 털들이 있다.

생태 특징

어른벌레는 6월에서 11월에 관찰된다. 어른벌레는 떡갈나무에서 자주 보이며 떡갈나무 잎을 먹는다. 밤에 불빛에 날아오기도 한다.

국내 분포 전국적으로 분포한다.

국외 분포 중국, 대만에 분포한다.

주둥무늬차색풍뎅이

Adoretus tenuimaculatus Waterhouse, 1875

형태 특징
크기 몸 길이는 8.5~14.0mm이다.
주요 형질 몸은 긴 알모양이다. 전체적으로 갈색에서 적갈색이며, 배면은 검은색 또는 회색빛을 띠는 검은색이다. 머리방패는 넓고 짧으며 둥글다. 몸전체에 황백색의 짧은 털이 있다. 앞가슴등판은 머리보다 뚜렷이 넓고, 너비가 길이의 두배이상이다. 딱지날개의 앞가장 자리는 앞가슴등판의 뒷가장자리 너비와 비슷하다.

생태 특징
어른벌레는 4월에서 11월에 관찰된다. 어른벌레는 전국 각지에서 매우 흔하게 발견되며 참나 무류와 배롱나무 등 각종 활엽수에 피해를 끼친다.

국내 분포 전국적으로 분포한다.
국외 분포 일본, 중국, 대만에 분포한다.

청동풍뎅이

Anomala albopilosa (Hope, 1839)

형태 특징
크기 몸 길이는 18~25mm이다.
주요 형질 몸은 둥글고 길쭉한 알 모양이며, 위아래로 볼록하고 광택이 있다. 전체적으로 밝은 녹색이지만 개체에 따라 붉은색을 띠기도 한다. 이마방패는 넓게 둥글고 가운데가 약간 오목하다. 아가슴등판의 앞가장자리의 모서리는 돌출되어 있다. 딱지날개의 구멍을 매우 크다.

생태 특징
어른벌레는 6월에서 10월까지 관찰된다. 어른벌레는 산지에서 발견되며 불빛에 날아온다.

국내 분포 전국적으로 분포한다.
국외 분포 일본에 분포한다.

카멜레온줄풍뎅이

Anomala chamaeleon Fairmaire, 1887

형태 특징

크기 몸 길이는 12~17mm이다.

주요 형질 몸은 둥글고 길쭉한 알 모양이며, 위아래로 볼록하고 광택이 있다. 전체적으로 녹색 또는 황녹색이지만 개체에 따라 구리빛, 보라색 등 변이가 많다. 이마방패는 넓게 둥글다. 앞가슴등판은 너비가 더 넓으며 뒤쪽으로 점점 넓어진다. 딱지날개의 테두리는 뚜렷하며, 점각렬이 뚜렷하다.

생태 특징

어른벌레는 5월에서 10월까지 관찰된다. 어른벌레는 산지에서 발견되며 불빛에 날아오며 개체수가 매우 많다.

국내 분포 전국적으로 분포한다.
국외 분포 중국, 러시아, 몽골에 분포한다.

참오리나무풍뎅이

Anomala luculenta Erichson, 1847

형태 특징
크기 몸 길이는 13.0~17.0mm이다.
주요 형질 몸은 짧은 알모양이다. 등면은 녹갈색이며 전체 또는 부분적으로 진한 녹색, 구릿빛을 띠는 갈색 등 개체변이가 많다. 배면은 어두운 녹색 또는 어두운 구리색이며 딱지날개는 갈색이나 변이가 많다. 앞가슴등판은 반원형태로 작은 구멍이 조밀하게 있다. 작은방패판은 크다. 딱지날개의 조구는 비교적 뚜렷하다.

생태 특징
어른벌레는 4월에서 9월에 관찰된다. 어른벌레는 밤에 불빛에 날아오기도 한다.

국내 분포 전국적으로 분포한다.
국외 분포 중국, 러시아, 몽골에 분포한다.

몽고청동풍뎅이

Anomala mongolica (Faldermann, 1835)

형태 특징
크기 몸 길이는 17~22mm이다.
주요 형질 몸은 두껍고 긴 알 모양이다. 흑녹색 또는 흑색인데 보통 붉은빛 또는 구릿빛 광택이 있다. 다리는 구릿빛이 있는 녹색이다. 머리방패는 넓은 둥근모양이나, 앞가장자리는 뭉툭하다.

생태 특징
어른벌레는 5월에서 9월까지 관찰된다. 주로 내륙지역에서 서식하며, 식물의 잎을 먹는다.

국내 분포 전국적으로 분포한다.
국외 분포 중국, 러시아, 몽골에 분포한다.

대마도줄풍뎅이

Anomala sieversi Heyden, 1887

형태 특징
크기 몸 길이는 11~14mm이다.
주요 형질 몸은 약간 납작하고 둥글다. 등면은 약한 광택이 있는 녹색 또는 검은색이다.
앞가슴등판과 딱지날개의 가두리에 활백색의 긴 털이 있다. 이마방패의 앞가장자리는 넓고
둥글다. 딱지날개에 2~3개의 세로 융기선이 있다.

생태 특징
어른벌레는 4월에서 11월까지 관찰된다. 어른벌레는 산의 확 트인 풀밭이나 강가의 개활지에서
꽃에 모여 꽃가루를 먹는다.

국내 분포 전국적으로 분포한다.
국외 분포 중국에 분포한다.

감자풍뎅이

Apogonia cupreoviridis Kolbe, 1886

형태 특징
크기 몸 길이는 약 9mm이다.
주요 형질 몸은 타원형으로 짧고 두껍다. 검은색이며, 광택이 강하다. 더듬이는 갈색이다. 몸에 구멍이 많으며, 딱지날개에 3개의 세로 융기선이 있으나 뚜렷한 점각렬을 이루지는 않는다.

생태 특징
어른벌레는 4월에서 11월까지 관찰된다. 낮은 산에서 주로 보이며, 밤에 불빛에 날아든다.

국내 분포 전국적으로 분포한다.
국외 분포 중국에 분포한다.

홈줄풍뎅이

Bifurcanomala aulax (Wiedemann, 1923)

형태 특징
크기 몸 길이는 11~16mm이다.
주요 형질 몸은 약간 짧은 알 모양이다. 등면은 녹색이나 어두운 녹색 또는 청색의 변이가 있다. 이마방패의 앞가장자리가 뭉툭하다. 딱지날개의 점각은 깊고 뚜렷하다.

생태 특징
어른벌레는 4월에서 11월까지 관찰된다. 어른벌레는 풀밭이나 낮은 산에서 쉽게 관찰된다. 불빛에 날아온다.

국내 분포 전국적으로 분포한다.
국외 분포 중국, 러시아, 동양구에 분포한다.

등얼룩풍뎅이

Blitopertha orientalis (Waterhouse, 1875)

형태 특징
크기 몸 길이는 8~14mm이다.
주요 형질 몸은 약간 긴 타원형이다. 전체적으로 연한 갈색 또는 갈색이며 앞가슴등판에 구릿빛 또는 녹색 빛을 띠는 무늬가 있다. 온몸이 검은색 또는 녹색을 띠는 개체까지 있어 색 변이가 많은 편이다. 앞가슴등판의 구멍이 너비가 더 넓은 타원형 또는 아령모양이며, 딱지날개에는 2~3개의 검은색 점무늬가 부채꼴로 배열되어 있다. 발목마디의 끝이 가늘고 안쪽으로 굽어 있다.

생태 특징
어른벌레는 3월에서 11월에 관찰된다. 개체수가 매우 많아 흔하게 볼수 있으며 연노랑풍뎅이와 매우 유사하다.

국내 분포 중부와 남부지역에 분포한다.
국외 분포 일본, 신북구, 동양구에 분포한다.

제주풍뎅이

Chejuanomala quelparta (Okamoto, 1924)

고유종

형태 특징

크기 몸 길이는 14.0~16.0mm이다.

주요 형질 몸은 두껍고 긴 원통형이다. 전체적으로 검은색 또는 구릿빛을 띠는 녹색이며, 딱지날개와 배는 고동색이고 광택이 강하다. 머리방패는 너비가 길다. 눈은 매우 크고 뚜렷하다. 앞가슴등판은 너비가 길이보다 뚜렷이 길며, 머리의 너비보다 더 넓고 앞가슴등판의 뒷가장자리와 딱지날개의 앞가장자리 너비는 비슷하다. 딱지날개의 조구는 뚜렷하지 않다.

생태 특징

어른벌레는 6월에서 8월에 관찰된다. 어른벌레는 여름 밤에 불빛에 모여든다.

국내 분포 제주도에 분포한다.

풍뎅이

Mimela splendens (Gyllenhall, 1817)

형태 특징

크기 몸 길이는 15~21mm이다.

주요 형질 몸은 넓적한 알 모양이다. 등면은 광택이 강한 녹색이나 때때로 약한 구릿빛을 띠는 개체도 있다. 다리는 암녹색 또는 흑녹색이다.

생태 특징

어른벌레는 4월에서 11월까지 관찰된다. 어른벌레는 활엽수의 잎과 꽃을 먹는다. 애벌레는 식물의 뿌리와 부식토를 먹는다.

국내 분포 전국적으로 분포한다.
국외 분포 중국, 일본, 대만, 동양구에 분포한다.

별줄풍뎅이

Mimela testaceipes (Motschulsky, 1860)

형태 특징
크기　몸 길이는 14~20mm이다.
주요 형질　몸은 두껍고 등쪽은 편평하며, 광택이 있다. 녹색을 띠나, 부분적으로 또는 넓은 부분이 갈색이기도 하다. 이마방패는 끝으로 약간 좁아진다. 딱지날개에 4개의 세로 융기선이 뚜렷하다.

생태 특징
어른벌레는 5월에서 11월까지 관찰된다. 어른벌레는 풀밭이나 낮은 산에서 주로 보이며, 개체수가 많은 편이다. 불빛에 날아온다.

국내 분포　전국적으로 분포한다.
국외 분포　일본에 분포한다.

참콩풍뎅이

Popillia flavosellata Fairmaire, 1886

형태 특징

크기 몸 길이는 10~15mm이다.

주요 형질 몸은 흑남색이나 간혹 청자색 또는 흑녹색인 개체도 있다. 광택이 강하다. 각 배마디 양 옆에 흰 털로 된 점무늬가 있으며, 배끝마디에 흰 털로 된 2개의 점무늬가 있다.

생태 특징

어른벌레는 4월에서 10월까지 관찰된다. 산이나 들의 다양한 꽃에 모여 꽃가루를 먹는다. 참나무류의 잎을 먹기도 한다.

국내 분포 전국적으로 분포한다.
국외 분포 중국, 러시아, 동양구에 분포한다.

콩풍뎅이

Popillia mutans Newman, 1838

형태 특징

크기 몸 길이는 10~15mm이다.

주요 형질 참콩풍뎅이와 매우 비슷하지만, 몸이 더 짧고 넓다. 각 배마디의 양 옆과 배끝마디에 흰 털로 된 점무늬가 없다.

생태 특징

어른벌레는 4월에서 11월까지 관찰된다. 산이나 들의 다양한 꽃에 모여 꽃가루를 먹는다.

국내 분포 전국적으로 분포한다.

국외 분포 중국, 대만, 러시아, 인도에 분포한다.

녹색콩풍뎅이

Popillia quadriguttata (Fabricius, 1787)

형태 특징

크기 몸 길이는 8~11mm이다.

주요 형질 몸은 약간 납작하고 둥글다. 광택이 강하며, 머리와 앞가슴등판은 녹색 내지 검은색이고 딱지날개는 황갈색이다. 다리는 검은색이다. 이마방패는 넓고 양옆이 끝에서 좁아지며, 앞가두리는 뭉툭하다.

생태 특징

어른벌레는 4월에서 10월까지 관찰된다. 어른벌레는 풀밭의 여러 꽃에 모여 꽃가루를 먹는 다. 애벌레는 땅 속에서 식물의 뿌리를 먹는다.

국내 분포 전국적으로 분포한다.

국외 분포 중국, 러시아, 대만에 분포한다.

장수풍뎅이

Allomyrina dichotoma (Linnaeus, 1771)

형태 특징
크기 몸 길이는 30~55mm이다.
주요 형질 몸은 흑갈색 또는 적갈색이며, 광택이 있다. 수컷은 이마와 앞가슴등판에 뿔이 있으며, 이마의 뿔이 앞가슴등판의 뿔보다 훨씬 길고 끝이 갈라져 있다.

생태 특징
어른벌레는 7월에서 9월까지 관찰된다. 어른벌레는 참나무류의 진에 모인다. 불빛에 날아온다. 애벌레는 약용으로 사육 판매되고 있다.

국내 분포 전국적으로 분포한다.
국외 분포 중국, 일본, 인도에 분포한다.

등면(수컷)

옆면(수컷)

등면(암컷)

옆면(암컷)

줄우단풍뎅이

Gastroserica herzi (Heyden, 1887)

형태 특징
크기 몸 길이는 6.0~8.5mm이다.
주요 형질 몸은 긴 알모양이다. 전체적으로 갈색에서 황갈색이며 머리는 검은색에서 어두운 갈색이다. 앞가슴등판에 2개의 넓은 검은색 세로줄무늬가 있고, 딱지날개의 봉합선 부근에도 검은색 줄무늬가 있다. 개체에 따라 무늬나 색의 변이가 많은 편이다. 전체적으로 털로 덮여 있다. 더듬이는 10마디로 4마디가 곤봉부를 형성한다. 앞가슴등판은 반원형이며 뒷가장자리는 딱지날개의 앞가장자리 너비와 비슷하다. 뒷다리 넓적다리마디는 앞다리와 가운데다리보다 뚜렷이 두껍다.

생태 특징
어른벌레는 4월에서 9월에 관찰된다. 어른벌레는 여름 밤에 불빛에 모여든다.

국내 분포 전국적으로 분포한다.
국외 분포 중국에 분포한다.

큰다색풍뎅이

Holotrichia niponensis (Lewis, 1895)

형태 특징
크기 몸 길이는 17.5~22.5mm이다.

주요 형질 몸은 넓고 원통형이며, 국내 검정풍뎅이속 중 가장 대형종이다. 전체적으로 담갈색에서 황갈색 또는 적갈색이며 배면은 옅은 적갈색이다. 머리방패는 앞가장자리가 위로 솟았고 가운데는 오목하다. 더듬이는 10마디이며 곤봉부는 3마디인데 수컷은 자루부분의 절반 길이이다. 앞가슴등판의 구멍은 매우 작고 흩어져 있다. 딱지날개는 약간 진주 빛을 띠는 적갈색이며 비교적 규칙적으로 경사진 세로 융기선이 있다.

생태 특징
어른벌레는 3월에서 9월에 관찰된다. 어른벌레는 밤에 불빛에 날아온다.

국내 분포 전국적으로 분포한다.
국외 분포 일본, 중국, 러시아에 분포한다.

왕풍뎅이

Melolontha incana (Motschulsky.1853)

형태 특징

크기 몸 길이는 26~33mm이다.

주요 형질 몸은 긴 타원형으로 매우 짧은 회백색의 털로 덮여있다. 이마방패는 거의 사각형이다. 더듬이는 10마디이며, 곤봉부는 수컷이 7마디, 암컷이 6마디이다. 뒷가슴배판 돌기가 매우 길다.

생태 특징

어른벌레는 5월에서 10월까지 관찰된다. 어른벌레는 불빛에 날아온다. 애벌레는 활엽수의 뿌리를 갉아먹는다고 알려져있다.

국내 분포 전국적으로 분포한다.
국외 분포 중국, 러시아에 분포한다.

수염풍뎅이

Polyphylla laticollis Semenov, 1990

멸종위기야생동식물 II 급

형태 특징

크기 몸 길이는 30~37mm로 우리나라 소똥구리과에서 가장 크다.

주요 형질 몸은 원통형이고 등면에서 보면 긴 타원형이다. 적갈색이며, 딱지날개에 회백색 또는 황백색 얼룩 무늬가 있다. 이마방패의 앞가장자리는 뭉툭하고 모서리는 각져 있다. 앞 다리 종아리마디의 가시는 수컷이 2개 암컷이 3개이다.

생태 특징

어른벌레는 5월에서 8월까지 관찰된다. 어른벌레는 불빛에 날아온다. 1970년대 이후 개체수 가 급격히 감소하였다.

국내 분포 북부 및 중부지역에 분포한다.
국외 분포 중국에 분포한다.

황갈색줄풍뎅이

Sophrops striata (Brenske, 1892)

형태 특징
크기 몸 길이는 11~14mm이다.
주요 형질 몸은 긴 원통형이다. 약한 광택이 있는 갈색에서 적갈색이다. 이마방패는 짧고 앞가장자리의 가운데가 무렷하게 오목히여 양 옆이 2개의 둥근 잎 모양이다. 딱지날개에 3개의 세로 융기선이 있다.

생태 특징
어른벌레는 4월에서 9월까지 관찰된다. 어른벌레는 활엽수의 잎을 먹는 것으로 알려져 있으며, 애벌레는 식물의 뿌리를 먹는다.

국내 분포 전국적으로 분포한다.
국외 분포 중국에 분포한다.

뿔소똥구리

Copris ochus (Motschulsky, 1860)

형태 특징
크기 몸 길이는 20~28mm이다.
주요 형질 몸은 매우 두껍고 둥근 알 모양이다. 전체적으로 검은색이고 광택이 강하다.
머리방패는 매우 크고 넓은 부채꼴 모양이다. 수컷은 머리 뒤쪽과 이마에 매우 굵고 긴 뒤로
향해 있는 뿔이 있다. 암컷은 뿔이 없고 양끝이 작은 돌기처럼 솟아 있다. 수컷 앞가슴등판의
양옆과 뒤쪽에 4개의 삼각돌기가 있으며 암컷은 없다.

생태 특징
어른벌레는 3월에서 10월에 관찰된다. 소똥에서 발견되며 밤에 불빛에 날아오기도 한다.

국내 분포 전국적으로 분포한다.
국외 분포 중국, 일본, 러시아에 분포한다.

애기뿔소똥구리

Copris tripartitus Waterhouse, 1875

멸종위기야생동식물 II 급

형태 특징
크기 몸 길이는 13~19mm이다.
주요 형질 뿔소똥구리와 매우 유사하나 크기가 훨씬 작고 가늘며 광택이 매우 강하다.
머리방패의 앞쪽 구멍은 훨씬 뚜렷하고 수컷 이마의 뿔이 작다. 앞가슴등판의 돌기가 뚜렷하다.
앞다리 종아리마디의 바깥 돌기는 4개이다.

생태 특징
어른벌레는 3월에서 10월에 관찰된다. 소똥에서 발견되며 밤에 불빛에 날아오기도 한다.

국내 분포 전국적으로 분포한다.
국외 분포 중국, 일본, 동양구에 분포한다.

창뿔소똥구리

Liatongus phanaeoides (Westwood, 1940)

형태 특징
크기 몸 길이는 7.0~11.0mm이다.

주요 형질 몸은 짧고 뭉툭한 알모양이다. 전체적으로 검은색이나 어두운 갈색인 개체들도 있으며 광택은 거의 없다. 수컷은 양 눈 사이에 가늘고 긴 화살촉 같은 창모양의 뿔이 있고, 개체변이가 많다. 암컷은 뿔이 없고 가로 융기부가 있다. 앞가슴등판은 넓고 양옆과 기부가 둥글다. 작은방패판은 매우 작고 광택이 있다. 앞다리 종아리마디는 안쪽으로 약간 굽어 있으며, 바깥쪽에 4개의 큰 돌기가 있다.

생태 특징
어른벌레는 3월에서 11월에 관찰된다. 어른벌레는 소똥이나 말똥에서 채집된다.

국내 분포 전국적으로 분포한다.
국외 분포 일본, 중국, 대만, 동양구에 분포한다.

혹가슴검정소똥풍뎅이

Onthophagus atripennis Waterhouse, 1875

형태 특징
크기 몸 길이는 5~9mm이다.
주요 형질 몸은 뭉툭한 알 모양이다. 검은색 또는 어두운 갈색이며, 광택이 강하다. 이마방패의 앞쪽이 길어져있다. 수컷의 이마는 넓은 판자모양이며, 양쪽 끝이 뿔처럼 튀어나와 있다. 앞가슴등판은 너비가 더 넓고 수컷은 양 옆이 돌출되어 있다.

생태 특징
어른벌레는 3월에서 12월까지 관찰된다. 사람의 똥이나 개똥 등에서 채집되며, 동물질을 이용한 미끼트랩에서도 잘 채집된다.

국내 분포 전국적으로 분포한다.
국외 분포 중국, 일본, 러시아에 분포한다.

등면(수컷)

앞면(수컷)

등면(암컷)

앞면(암컷)

황소뿔소똥풍뎅이

Onthophagus bivertex Heyden, 1887

형태 특징
크기 몸 길이는 6~10mm이다.
주요 형질 몸은 짧은 알 모양이다. 전체적으로 검은색이나 딱지날개가 암갈색 내지 적갈색인 개체들도 많다. 이마방패는 크고 둥글다. 수컷의 이마는 뒤쪽으로 길고 뾰족하여 소뿔 모양의 돌기가 있다. 딱지날개의 점각은 뚜렷하다.

생태 특징
어른벌레는 4월에서 11월까지 관찰된다. 소똥에서 채집된다.

국내 분포 전국적으로 분포한다.
국외 분포 중국, 일본, 러시아에 분포한다.

렌지소똥풍뎅이

Onthophagus lenzii Harold, 1874

형태 특징

크기 몸 길이는 6~12mm이다.

주요 형질 몸은 매우 두껍고 알 모양이다. 광택이 있으며, 검은색이다. 이마방패는 넓고 앞가장자리 가운데의 파임은 거의 없다. 앞가슴등판은 짧고 두꺼우며, 수컷은 양 옆이 돌출되어 있다.

생태 특징

어른벌레는 4월에서 11월까지 관찰된다. 어른벌레는 대형 초식동물의 똥을 먹으며, 다양한 똥의 아래에 굴을 판다. 한국산 소똥풍뎅이 무리 중 우점종이다.

국내 분포 전국적으로 분포한다.
국외 분포 중국, 일본에 분포한다.

보기드믄소똥풍뎅이

Onthophagus uniformis Heyden, 1886

형태 특징

크기 몸 길이는 8.0~11.5mm이다.

주요 형질 몸은 짧고 뭉툭하며, 넓은 알모양이다. 전체적으로 검은색이며 약한 광택이 있다. 머리방패는 넓고 앞가장자리는 둥글며 앞가장자리의 가운데는 약간 오목하다. 수컷 두정융기는 S자형으로 구부러진 뿔 모양이며 이마융기는 없다. 암컷 두정융기는 뚜렷하며 이마융기는 위쪽 끝이 이 모양 또는 삼각형이다. 앞가슴등판의 구멍은 크고 매우 뚜렷하다.

생태 특징

어른벌레는 7월에서 8월에 관찰된다. 생태는 잘 알려지지 않았다.

국내 분포 북부지역에 분포한다.

국외 분포 중국, 러시아에 분포한다.

고려소똥풍뎅이

Onthophagus koryoensis Kim, 1985

고유종

형태 특징

크기 몸 길이는 6.5~7.5mm이다.

주요 형질 몸은 짧고 뭉툭하며, 두꺼운 알모양이다. 전체적으로 검은색이며 약한 광택이 있다. 머리방패는 넓고 둥글며, 앞가장자리는 거의 직선이며 황갈색의 긴 센털이 있다. 머리의 뿔은 넓고 길며, 끝은 가운데가 오목하게 파여 있어 U모양이거나 두개로 갈라진 뿔 모양이다. 앞가슴등판의 앞가장자리는 매우 오목하고 가운데에 크고 굵은 뿔이 있다. 딱지날개의 점각렬은 깊고 뚜렷하며, 사이에 황갈색의 센털이 있다.

생태 특징

어른벌레는 2월에서 11월에 관찰된다. 주로 사람과 개똥에서 발견되며, 소똥에서도 발견된다.

국내 분포 중부와 남부지역에 분포한다.

모가슴소똥풍뎅이

Onthophagus fodiens Waterhouse, 1875

형태 특징
크기 몸 길이는 7.0~11.0mm이다.
주요 형질 몸은 짧고 뭉툭하며, 두꺼운 알모양이다. 전체적으로 검은색이며 약한 광택이 있다. 머리방패는 넓고 앞가장자리는 수컷은 둥글고, 암컷은 육각형이다. 앞가슴등판은 넓고, 수컷은 앞가장자리의 가운데에서 뒷가장자리의 모서리 근처까지 융기부를 형성하나, 암컷은 융기부를 형성하지 않고 점각이 매우 깊고 조밀하다. 딱지날개의 점각은 깊다.

생태 특징
어른벌레는 3월에서 10월에 관찰된다. 소와 같은 대형 초식동물의 배설물뿐 아니라 사람이나 개똥에서도 흔히 발견되며, 동물의 사체에서도 발견된다.

국내 분포 전국적으로 분포한다.
국외 분포 일본, 중국에 분포한다.

소요산소똥풍뎅이

Onthophagus japonicus Harold, 1874

형태 특징

크기 몸 길이는 7.0~11.0mm이다.

주요 형질 몸은 짧고 두꺼우며, 알모양이다. 전체적으로 검은색이나 흑갈색, 구릿빛을 띠며 딱지날개는 황갈색에서 갈색이나 불규칙한 점무늬와 검은 가로 무늬가 있다. 머리방패는 너비가 더 넓고, 앞가장자리는 둥글며 오목하지 않다. 이마는 활처럼 휜 이마융기와 크고 깊게 발달한 점각이 있다. 앞가슴등판은 오각형에 가깝고, 수컷은 앞가장자리가 강하게 경사졌고, 양옆은 뾰족하게 돌출하였다.

생태 특징

어른벌레는 4월에서 10월에 관찰된다. 주로 소의 배설물에 모이나 사람의 배설물에서도 발견된다. 어른벌레로 겨울을 나는 것으로 추정된다.

국내 분포 전국적으로 분포한다.
국외 분포 일본, 대만에 분포한다.

큰점박이똥풍뎅이

Aphodius elegans Allibert, 1847

형태 특징

크기 몸 길이는 11~13mm이다.

주요 형질 몸은 긴타원형이다. 머리와 앞가슴등판은 검은색이고 딱지날개는 밝은 갈색이며, 중앙에 1쌍의 큰 검은 무늬가 있다. 수컷의 머리에 작은 뿔이 있다. 작은방패판은 앞쪽이 약간 더 넓은 오각형이다.

생태 특징

어른벌레는 5월에서 10월까지 관찰된다. 낮은 풀밭에서 초식동물의 똥을 찾아 다닌다. 주로 소똥에서 채집되며, 한국산 똥풍뎅이류 중 가장 크다.

국내 분포 전국적으로 분포한다.

국외 분포 중국, 러시아에 분포한다.

루이스똥풍뎅이

Aphodius lewisii Waterhouse, 1875

형태 특징

크기 몸 길이는 2~4mm이다.

주요 형질 몸은 매우 작고, 길쭉하다. 전체적으로 황갈색이나 머리의 앞쪽은 어두운 갈색이며 광택이 강하다. 머리는 넓고 머리방패는 앞쪽으로 좁아진다. 앞가슴등판에 구멍은 조밀하고 뒷가장자리에 짧은 털이 있다. 딱지날개의 점각렬은 뚜렷하다. 뒷다리 첫째 발목마디는 둘째에서 넷째마디를 합한 길이보다 약간 더 길다.

생태 특징

어른벌레는 6월에서 9월에 관찰된다. 주로 소똥에서 채집된다.

국내 분포 전국적으로 분포한다.

국외 분포 중국, 일본, 대만, 네팔, 인도, 동양구에 분포한다.

띠똥풍뎅이

Aphodius uniplagiatus Waterhouse, 1875

형태 특징
크기 몸 길이는 3.5~5.0mm이다.

주요 형질 몸은 등이 높고 뭉툭한 알모양이다. 전체적으로 검은색이나 머리, 앞가슴등판의 테두리, 딱지날개의 앞가운데의 큰 삼각형 무늬는 적갈색이며 광택이 강하다. 머리방패는 작고 테두리가 가늘며 앞가장자리는 넓게 오목하고, 융기는 3개이다. 앞가슴등판은 양옆이 둥글며, 뒷가장자리도 둥글다. 뒷다리 첫째 발목마디는 둘째에서 셋째 발목마디의 합과 비슷하다.

생태 특징
어른벌레는 5월에서 9월에 관찰된다. 어른벌레는 대부분 소똥에서 발견되며 드물게는 사람이나 말똥에서도 발견된다. 간간히 불빛에 날아오기도 한다.

국내 분포 전국적으로 분포한다.
국외 분포 일본, 대만에 분포한다.

깨알소똥구리

Panelus parvulus (Waterhouse, 1874)

형태 특징
크기 몸 길이는 2.0~3.0mm이다.
주요 형질 몸은 타원형이다. 전체적으로 어두운 갈색에서 갈색이며 광택이 강하다. 머리는 볼록하고, 작은 구멍이 촘촘하다. 머리방패 앞 가장자리 가운데에 2개의 삼각형 돌기가 있으며 그 가운데는 둥글게 파여있다. 앞가슴등판의 앞가장자리의 모서리는 돌출되어 있다. 작은방패판은 보이지 않는다.

생태 특징
어른벌레는 5월에서 9월에 관찰된다. 생태는 잘 알려지지 않았다.

국내 분포 전국적으로 분포한다.
국외 분포 일본에 분포한다.

곤봉털모래풍뎅이

Trichiorhyssemus asperulus (Waterhouse, 1875)

형태 특징

크기 몸 길이는 3.0~3.5mm이다.

주요 형질 몸은 긴 원통형에 가깝다. 전체적으로 광택이 없는 검은색 또는 흑갈색이나, 머리의 둘레, 앞가슴등판의 앞모서리, 다리는 적갈색이다. 앞가슴등판에 5개의 깊은 가로홈과 1개의 중앙 뒤쪽 세로홈이 있다. 앞다리 넓적다리마디는 가운데와 뒷다리 넓적다리마디보다 굵다. 뒷다리 발목마디는 종아리마디의 길이와 비슷하다.

생태 특징

어른벌레는 5월에서 12월에 관찰된다. 생태는 잘 알려지지 않았다.

국내 분포 전국적으로 분포한다.

국외 분포 일본에 분포한다.

황녹색호리비단벌레

Agrilus chujoi Kurosawa, 1985

형태 특징

크기 몸 길이는 6~8mm이다.

주요 형질 몸은 두껍고 길며, 길이는 너비의 약 3.5배이다. 전체적으로 녹동색을 띠며, 딱지날개의 뒤 1/3지점에 검은 무늬가 있다. 이마는 녹청색이고 배마디등판은 청색이다. 앞가슴등판은 너비가 길이의 약 1.5배이며 가운데에서 가장 넓다. 뒷다리발목마디는 가운데다리발목마디보다 뚜렷이 길다. 뒷다리 첫째발목마디는 둘째에서 넷째마디를 합한 길이보다 뚜렷이 길다.

생태 특징

어른벌레는 5월에서 8월에 관찰된다. 어른벌레는 칡에서 발견된다.

국내 분포 전국적으로 분포한다.
국외 분포 중국, 일본에 분포한다.

모무늬호리비단벌레

Agrilus discalis Saunders, 1873

형태 특징
크기 몸 길이는 6.5~8mm이다.
주요 형질 몸은 가늘고 길쭉하며 길이는 너비의 약 3.6배이다. 이마는 금빛의 녹색이나 주황색 또는 청녹색이며, 앞가슴등판은 자홍색, 딱지날개는 회색이며 뒤쪽 1/2에 자홍색의 털이 없는 부위가 있다. 앞가슴등판의 너비는 길이의 약 1.3배이며 가운데에서 가장 넓다.

생태 특징
어른벌레는 5월에서 8월에 관찰된다. 팽나무에서 주로 발견된다.

국내 분포 전국적으로 분포한다.
국외 분포 중국, 일본, 대만, 인도에 분포한다.

멋쟁이호리비단벌레

Agrilus plasoni Obenberger, 1917

형태 특징

크기 몸 길이는 5.7~8.9mm이다.

주요 형질 몸은 길고, 이마와 정수리는 수컷에서는 녹청색, 암컷에서는 보라빛을 띤 적색 또는 금빛을 띤 적색이며, 앞가슴등판은 옅은 적색 또는 금빛을 띠는 주황색이고, 딱지날개는 어두운 에메랄드빛 녹색이다. 이마방패는 사다리꼴이다. 더듬이는 가늘고 길며, 앞가슴등판의 중앙까지 이르고, 넷째 마디부터 톱니모양이다. 앞가슴등판은 너비가 더 넓다. 딱지날개는 길이가 너비의 약 3.1배이며, 봉합선 옆으로 기부쪽과 말단부에 각각 흰색 연모로 이루어진 줄무늬가 있다.

생태 특징

어른벌레는 6월에서 10월에 관찰된다. 어른벌레는 칡에서 발견된다.

국내 분포 전국적으로 분포한다.
국외 분포 중국, 대만, 라오스, 베트남에 분포한다.

고려비단벌레

Buprestis haemorrhoidalis Herbst, 1780

형태 특징
크기 몸 길이는 11~22mm이다.
주요 형질 몸은 긴 타원형이다. 구릿빛을 띠며, 광택이 강하다. 눈은 크고 더듬이는 가늘고 짧다. 딱지날개에 뚜렷한 세로줄이 있다. 딱지날개의 끝은 가운데를 향해 비스듬히 잘려있다.

생태 특징
어른벌레는 6월에서 9월까지 관찰된다. 소나무의 고목이나 벌채목에 알을 낳기 위해 모여든다. 주로 낮에 활동하며, 비행능력이 좋다.

국내 분포 중부와 남부지역에 분포한다.
국외 분포 중국, 일본, 카자흐스탄, 유럽에 분포한다.

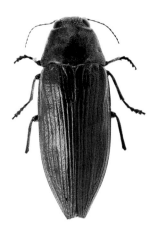

소나무비단벌레

Chalcophora japonica Gory, 1940

형태 특징
크기 몸 길이는 36~44mm이다.
주요 형질 몸은 크고 두꺼우며 광택이 강하다. 배면의 광택이 등면보다 강하다. 짙은 갈색에 황회색 비늘이 덮여 있다. 등면에는 깊은 홈이 뚜렷하다. 눈은 크고 뚜렷하다. 앞가슴등판은 뒤쪽으로 조금 넓어진다. 딱지날개는 뒤쪽으로 뚜렷이 좁아진다.

생태 특징
어른벌레는 6월에서 8월에 관찰된다. 소나무와 같은 침엽수에서 발견된다.

국내 분포 전국적으로 분포한다.
국외 분포 중국, 일본에 분포한다.

배나무육점박이비단벌레

Chrysobothris succedanea Saunders, 1873

형태 특징
크기 몸 길이는 7.0~12.0mm이다.
주요 형질 몸은 길쭉하고 약간 넓적하며 납작하다. 전체적으로 금속성이 있는 구리빛이며 딱지날개에 6개의 점무늬가 있다. 눈은 매우 크고 잘 발달되어 있으며 더듬이는 가늘고 짧다. 앞가슴등판은 머리보다 뚜렷이 넓고 앞가장자리는 넓게 오목하며 가로 미세점각이 많다. 딱지날개는 앞가슴등판보다 뚜렷이 넓으며 가운데에서 가장 넓고 뒤쪽으로 좁아진다.

생태 특징
어른벌레는 5월에서 7월에 관찰된다. 어른벌레는 평지의 낮은 산에서 발견되며, 낮에 소나무 벌채목에 날아온다.

국내 분포 전국적으로 분포한다.
국외 분포 일본, 중국에 분포한다.

버드나무좀비단벌레

Trachys minuta (Linnaeus, 1758)

형태 특징
크기 몸 길이는 3.0~4.0mm이다.
주요 형질 몸은 길쭉한 오각형이며 앞가슴등판의 뒷가장자리에서 가장 넓다. 머리와 앞가슴
등판은 검은색, 딱지날개는 어두운 청색을 띤다. 딱지날개에 흰색의 털이 불규칙하게 흩어져
있다. 머리는 앞가슴등판에 의해 가려져 있다. 앞가슴등판의 앞가장자리는 가운데가 오목하고
뒤쪽으로 넓어진다. 딱지날개에 뚜렷한 점각렬은 없으며 뒤쪽으로 좁아진다.

생태 특징
어른벌레는 4월에서 5월에 관찰된다. 어른벌레는 하천변의 버드나무 잎에서 발견되며, 위협
을 느끼면 밑으로 떨어져 죽은척 한다.

국내 분포 중부지역에 분포한다.
국외 분포 일본, 중국, 러시아, 시리아, 터키, 몽골, 유럽에 분포한다.

느티나무좀비단벌레

Trachys yanoi Kurosawa, 1959

형태 특징
크기 몸 길이는 3~4.5mm이다.

주요 형질 몸은 넓적하고 오각형이며 위아래로 납작하다. 전체적으로 검은색이며 보라색 광택이 있고 딱지날개에 무늬가 뚜렷하다. 이마에 세로홈이 뚜렷하고 더듬이 셋째마디는 둘째마디와 길이가 비슷하다. 앞가슴등판의 앞가두리는 거의 직선이다.

생태 특징
어른벌레는 5월에서 10월에 관찰된다. 느티나무, 팽나무 등에서 발견된다.

국내 분포 전국적으로 분포한다.
국외 분포 중국, 일본에 분포한다.

털보둥근가시벌레

Simplocaria bicolor Pic, 1935

형태 특징
크기 몸 길이는 3~4mm이다.
주요 형질 몸은 알모양이고, 위아래로 다소 볼록하다. 전체적으로 많은 털로 덮여 있으며 어두운 갈색에서 갈색 또는 검은색이며 딱지날개에 흰털 뭉치같은 무늬가 있다. 머리는 앞가슴등판에 의해 일부가 가려져 위에서 잘 보이지 않는다.

생태 특징
관찰 시기 어른벌레는 5월에서 10월에 관찰된다.
주요 습성 습한 낙엽지 등에서 주로 발견된다.

국내 분포 전국적으로 분포한다.
국외 분포 중국, 일본에 분포한다.

꼬마방아벌레

Aeoloderma aganata (Candèze, 1873)

형태 특징
크기 몸 길이는 약 5mm이다.
주요 형질 몸은 작고 길쭉하며 위아래로 납작하고 광택이 있다. 전체적으로 갈색에서 적갈색이며 머리는 검은색이고, 앞가슴등판과 딱지날개의 중앙에 검은색의 긴 세로 무늬가 있으며 딱지날개의 끝 1/3은 검은색이다. 앞가슴등판의 뒷가장자리의 모서리에 뾰족한 돌기가 있다. 딱지날개의 점각은 뚜렷하다.

생태 특징
어른벌레는 4월에서 10월까지 관찰된다. 어른벌레는 논 등의 흙 위에서 쉽게 발견된다.

국내 분포 전국적으로 분포한다.
국외 분포 중국, 일본, 러시아에 분포한다.

대유동방아벌레

Agrypnus argillaceus (Solsky, 1971)

형태 특징
크기 몸 길이는 15.0~17.0mm이다.
주요 형질 몸은 길쭉하나 다른 방아벌레들에 비해 약간 넓고 납작하다. 전체적으로 적갈색에서 붉은색이며 더듬이는 검은색이다. 머리는 짧고, 더듬이는 톱날 모양이다. 앞가슴등판은 머리보다 뚜렷이 넓고 길며, 뒷가장자리는 딱지날개의 앞가장자리 너비와 비슷하다. 딱지날개의 점각렬은 뚜렷하다.

생태 특징
어른벌레는 4월에서 6월에 관찰된다. 어른벌레는 야산에서 흔하게 발견된다.

국내 분포 전국적으로 분포한다.
국외 분포 중국, 대만, 러시아, 동양구에 분포한다.

녹슬은방아벌레

Agrypnus binodulus Kishii, 1961

형태 특징

크기 몸 길이는 12.0~16.0mm이다.

주요 형질 몸은 길쭉하나 다른 방아벌레들에 비해 약간 넓은 편이다. 전체적으로 어두운 갈색에 회백색 또는 황갈색 털이 있다. 머리는 작고 더듬이는 가늘며, 앞가슴등판의 뒷가장 자리에 이른다. 앞가슴등판은 육각형이며 넓고, 중앙에 2개의 돌기가 있다. 딱지날개는 앞쪽 1/3지점에서 가장 넓으며 뚜렷한 점각렬이 있다.

생태 특징

어른벌레는 5월에서 10월에 관찰된다. 어른벌레는 야산이나 강가에서 흔하게 발견되며, 밤에 불빛에 날아오기도 한다.

국내 분포 전국적으로 분포한다.

국외 분포 일본, 중국에 분포한다.

애녹슬은방아벌레

Agrypnus scrofa (Candèze, 1873)

형태 특징

크기 몸 길이는 8~10mm이다.

주요 형질 몸은 길쭉하고 넓적하고 편평하다. 전체적으로 어두운 갈색이며 광택이 거의 없고 작은 돌기로 덮여 있다. 앞가슴등판은 크고 앞가장자리는 오목하며, 옆가장자리는 둥글고, 뒷가장자리는 물결모양이다. 딱지날개는 가운데에서 가장 넓고 뒤쪽으로 가늘어 진다.

생태 특징

어른벌레는 6월에서 7월에 관찰된다. 야산의 관목에서 발견된다.

국내 분포 전국적으로 분포한다.
국외 분포 중국, 일본에 분포한다.

진홍색방아벌레

Ampedus puniceus (Lewis, 1879)

형태 특징

크기 몸 길이는 10.0~12.0mm이다.

주요 형질 몸은 길쭉하나 약간 납작하다. 머리, 앞가슴등판, 더듬이, 다리는 검은색이며 딱지날개는 붉은색이고 전체적으로 광택이 강하다. 더듬이는 짧고 약한 톱날 모양이다. 앞가슴등판은 뒤쪽으로 넓어지며 뒷가장자리는 딱지날개 앞가장자리의 너비와 비슷하다. 딱지날개에는 점각렬이 뚜렷하다.

생태 특징

어른벌레는 8월에서 이듬해 5월에 관찰된다. 어른벌레는 야산에서 흔하게 발견되며, 어른벌레로 겨울을 난다.

국내 분포 북부와 중부지역에 분포한다.

국외 분포 일본에 분포한다.

검정테광방아벌레

Chiagosnius vittiger (Heyden, 1887)

형태 특징

크기 몸 길이는 9~14mm이다.

주요 형질 몸은 길쭉하고 가늘고 위아래로 다소 납작하다. 전체적으로 황갈색이며 앞가슴
등판의 중앙과 딱지날개의 양쪽 가장자리에 검은 줄무늬가 있다. 더듬이는 약간 톱니모양이다.
앞가슴등판은 길이가 뚜렷이 더 길다. 딱지날개의 점각렬은 뚜렷하다.

생태 특징

어른벌레는 7월에서 8월에 관찰된다. 활엽수나 무덤 주변의 벼과 식물에서 발견된다.

국내 분포 중부지역에 분포한다.
국외 분포 중국에 분포한다.

큰무늬맵시방아벌레

Cryptalaus larvatus (Candéze, 1874)

형태 특징
크기 몸 길이는 약 30.0mm이다.
주요 형질 대형종으로 몸이 길쭉하다. 머리는 앞가슴등판에 의해 대부분 가려져 있고 짧다. 앞가슴등판은 길쭉하고 앞쪽 1/3지점에 검은 무늬가 있으며, 가운데에 검은 세로 무늬가 있다. 뒷가장자리는 딱지날개의 앞가장자리 너비와 비슷하다. 딱지날개 중앙 양옆에 반달모양의 무늬가 있다.

생태 특징
어른벌레는 7월에서 8월에 관찰된다. 개서어나무에서 주로 발견되며, 밤에 불빛에 날아오기도 한다.

국내 분포 남부지역에 분포한다.
국외 분포 일본, 중국, 대만, 동양구에 분포한다.

모래밭방아벌레

Meristhus niponensis Lewis, 1894

형태 특징

크기 몸 길이는 4.4~5.3mm이다.

주요 형질 몸은 길쭉하다. 전체적으로 적갈색이나 머리, 앞가슴등판의 가장자리, 딱지날개에 회백색의 무늬가 있다. 광택이 없으며 몸 전체에 돌기가 있다. 더듬이는 짧고 약한 톱날 모양이다. 앞가슴등판은 크고 가장자리가 울퉁불퉁하다. 딱지날개 앞가장자리의 너비는 앞가슴등판 뒷가장자리의 너비와 비슷하다.

생태 특징

어른벌레는 4월에서 10월에 관찰된다. 어른벌레는 해안사구에서 흔하게 발견되며 위협을 느끼면 다리를 몸에 붙이고 움직이지 않는다.

국내 분포 전국적으로 분포한다.
국외 분포 일본, 러시아에 분포한다.

왕빗살방아벌레

Spheniscosomus cete (Candèze, 1860)

형태 특징
크기 몸 길이는 22~27mm이다.
주요 형질 몸은 길고 배 끝으로 좁아진다. 몸은 갈색이며, 황갈색 무늬가 있다. 수컷의 더듬이는 길고 빗살 모양이며, 암컷은 톱니 모양이다.

생태 특징
어른벌레는 4월에서 6월까지 관찰된다. 어른벌레는 주로 밤에 활동한다. 불빛에 날아오며, 작은 무척추동물을 잡아먹는다.

국내 분포 전국적으로 분포한다.
국외 분포 중국, 동양구에 분포한다.

붉은다리빗살방아벌레

Spheniscosomus cete (Candèze, 1860)

형태 특징

크기 몸 길이는 15~19mm이다.

주요 형질 몸은 가늘고 길며, 배 끝으로 가늘어진다. 전체적으로 검은색이며, 광택이 있다. 다리는 갈색에서 적갈색이다. 앞가슴등판은 볼록하다.

생태 특징

어른벌레는 4월에서 6월까지 관찰된다. 어른벌레는 봄에 주로 관찰된다. 낮에는 풀잎에서 관찰되고 밤에는 나무 진에서도 발견된다.

국내 분포 전국적으로 분포한다.
국외 분포 일본에 분포한다.

루이스방아벌레

Tetrigus lewisi Candèze, 1873

형태 특징
크기 몸 길이는 21~33mm이다.

주요 형질 몸은 길쭉하고 딱지날개의 가운데에서 가장 넓다. 전체적으로 갈색에서 어두운
갈색이며 광택이 강하다. 더듬이는 빗살모양이다. 앞가슴등판의 앞가장자리는 뭉툭하다. 딱
지날개의 점각렬은 뚜렷하며 뒤쪽으로 좁아진다.

생태 특징
어른벌레는 4월에서 10월에 관찰된다. 썩은 나무에서 발견된다.

국내 분포 전국적으로 분포한다.
국외 분포 중국, 동양구에 분포한다.

큰홍반디

Lycostomus porphyrophorus Solsky, 1870

형태 특징

크기 몸 길이는 12.0~15.5mm이다.

주요 형질 몸은 길쭉하며 위아래로 다소 납작하고 딱지날개의 뒤쪽 1/3지점에서 가장 넓다.
전체적으로 적갈색이나 더듬이, 다리, 배면은 검은색이며 앞가슴등판의 중앙은 검은색이다.
머리는 주둥이가 길고, 앞가슴등판에 의해 가려져 있다. 눈은 비교적 작다. 더듬이는 톱니모양
이며, 암컷의 더듬이가 수컷보다 짧다. 잎가슴등판은 사다리꼴이며 뒷가장자리에서 가장 넓다.
딱지날개는 뒤쪽으로 점점 넓어지다 끝에서 좁아진다. 뚜렷한 세로 융기선이 있다.

생태 특징

어른벌레는 4월에서 9월에 관찰된다. 어른벌레는 벌채목에서 발견된다.

국내 분포 전국적으로 분포한다.
국외 분포 중국, 러시아에 분포한다.

늦반딧불이

Pyrocoelia rufa Olivier, 1886

형태 특징

크기 몸 길이는 15~18mm이다.

주요 형질 몸은 긴 타원형이다. 앞가슴등판은 밝은 주황색이며, 딱지날개는 검은색이다. 머리는 앞가슴등판에 가려 위에서 보이지 않는다. 앞가슴등판의 앞쪽에 한 쌍의 투명한 부분이 있다. 암컷은 앞날개와 뒷날개가 모두 퇴화되어 배가 드러나 있다.

생태 특징

어른벌레는 7월에서 9월까지 관찰된다. 애벌레는 습한 숲 속에서 달팽이 등을 먹는다. 어른벌레는 해진 후 1시간 정도 빛을 내며 날아다닌다. 애벌레와 어른벌레 모두 빛을 낸다.

국내 분포 전국적으로 분포한다.
국외 분포 중국, 일본에 분포한다.

서울병대벌레

Cantharis soeulensis Pic, 1922

고유종

형태 특징

크기 몸 길이는 10~13mm이다.

주요 형질 몸은 길쭉하고 위아래로 납작하며 광택이 있다. 머리와 앞가슴등판, 다리는 주홍색이고 눈은 검은색이다. 딱지날개는 검은색에서 노란색가지 개체에 따른 변이가 많다. 앞가슴등판은 사각형이다. 딱지날개의 너비는 앞가슴등판과 비슷하고 끝은 둥글다.

생태 특징

어른벌레는 5월에서 6월까지 관찰된다. 어른벌레는 풀잎에서 흔히 발견되며 주로 작은 곤충을 잡아먹는다.

국내 분포 중부지역에 분포한다.

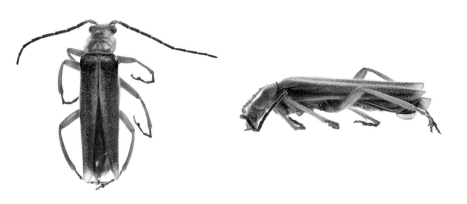

검수시렁이

Dermestes ater DeGeer, 1774

형태 특징
크기 몸 길이는 7~9mm이다.
주요 형질 몸은 긴 타원형이고 볼록하다. 전체적으로 황갈색이며 머리의 중앙과 배마디배판의 양옆은 어두운 갈색이다. 더듬이 마지막 세마디는 확장되어 있다. 앞가슴등판은 볼록하다. 작은 방패판은 심장모양이다. 딱지날개의 점각렬은 뚜렷하지 않다.

생태 특징
어른벌레는 9월에 관찰된다. 생태는 알려지지 않았다.

국내 분포 전국적으로 분포한다.
국외 분포 중국, 일본, 러시아를 포함한 전세계에 분포한다.

왕검정수시렁이

Dermestes freudei Kalik & Ohbayashi, 1982

형태 특징

크기 몸 길이는 8.0~9.5mm이다.

주요 형질 몸은 길쭉한 알 모양이다. 전체적으로 검은색이나 더듬이와 다리, 배면은 갈색에서 적갈색이다. 머리는 볼록히고 노란색 털로 덮여있다. 더듬이는 11마디로 마지막 3마디가 확장되어 곤봉부를 형성한다. 앞가슴등판의 뒷가장자리는 물결모양이다. 작은방패판은 심장 모양이고 노란색 털로 덮여 있다. 딱지날개의 앞가장자리 너비는 앞가슴등판의 뒷가장자리 너비와 비슷하다. 딱지날개의 점각렬은 뚜렷하다.

생태 특징

어른벌레는 6월에서 7월에 관찰된다. 생태는 잘 알려지지 않았으나 불빛에 날아오기도 한다.

국내 분포 전국적으로 분포한다.
국외 분포 일본, 중국, 러시아에 분포한다.

굵은뿔수시렁이

Thaumaglossa rufocapillata Redtenbacher, 1867

형태 특징
크기 몸 길이는 약 3mm이다.
주요 형질 몸은 알모양이고 위아래로 약간 납작하다. 전체적으로 검은색에서 어두운 갈색이며 앞가슴등판과 딱지날개에 밝은 갈색의 털이 있다. 머리는 짧고 눈은 크다.

생태 특징
어른벌레는 5월에서 9월에 관찰된다. 아카시나무에서 채집되었다.

국내 분포 전국적으로 분포한다.
국외 분포 중국, 일본, 네팔, 독일, 노르웨이, 아프리카구, 동양구에 분포한다.

세줄알락수시렁이

Trogoderma varium (Matsumura & Yokoyama, 1928)

형태 특징

크기 몸 길이는 3~4mm이다.

주요 형질 몸은 알모양이고 위아래로 약간 납작하다. 전체적으로 검은색에서 어두운 갈색이며 앞가슴등판과 딱지날개에 밝은 갈색의 털이 있다. 머리는 짧고 눈은 크다. 더듬이 마지막 다섯마디는 곤봉이다. 앞가슴등판은 털로 덮여 있고, 하연에 더듬이 삽입구가 있다. 다리는 가늘고 길다.

생태 특징

어른벌레는 6월에서 8월에 관찰된다. 저장곡물의 해충으로 알려져 있다.

국내 분포 전국적으로 분포한다.
국외 분포 중국, 일본에 분포한다.

알락등왕나무좀

Lichenophanes carinipennis (Lewis, 1896)

형태 특징

크기 몸 길이는 약 15mm이다.

주요 형질 몸은 길고 원통형이다. 전체적으로 갈색이나 황갈색의 무늬가 있고 작은 돌기로 덮여 있다. 머리는 앞가슴등판에 의해 가려져 위에서 보이지 않는다. 앞가슴등판의 앞가장자리에는 두 개의 돌기가 있다. 더듬이 마지막 세마디가 두껍다.

생태 특징

어른벌레는 6월에서 8월에 관찰된다. 밤에 불빛에 날아오기도 한다.

국내 분포 중부와 남부지역에 분포한다.
국외 분포 중국, 대만, 동양구에 분포한다.

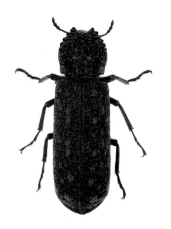

가문비통나무좀

Elateroides flabellicornis (Schneider, 1791)

형태 특징
크기 몸 길이는 8.0~14.0mm이다.
주요 형질 몸은 길쭉하고 긴 원통형이다. 수컷의 머리, 앞가슴등판, 그리고 딱지날개의 끝부분은 검은색이고 암컷은 전체적으로 갈색에서 적갈색을 띤다. 더듬이는 수컷은 나뭇가지 형태로 변형되어 있으며, 암컷은 톱날형태이다. 눈은 크고 돌출되어 있다. 작은방패판은 작고 수컷은 검은색, 암컷은 갈색에서 적갈색이다.

생태 특징
어른벌레는 5월에서 10월에 관찰된다. 애벌레는 나무속의 갱도에서 생활하며 균류를 먹는 것으로 알려져 있다. 어른벌레는 불빛에 날아오기도 한다.

국내 분포 전국적으로 분포한다
국외 분포 일본, 러시아, 대만, 유럽에 분포한다.

큰쌀도적

Temnoscheila japonica (Reitter, 1875)

형태 특징

크기 몸 길이는 13.0~17.5mm이다.

주요 형질 몸은 비교적 짧고 뭉툭하며, 딱지날개의 앞가장자리에서 가장 넓다. 전체적으로 황갈색을 띠며 짧은 털로 덮여 있다. 더듬이는 수컷은 몸길이보다 뚜렷이 길며, 암컷은 몸길이와 비슷하다. 앞가슴등판은 가운데에서 가장 넓다. 딱지날개는 앞가장자리에서 가장 넓으며 뒤쪽으로 점점 좁아진다. 다리는 비교적 짧고 튼튼하다.

생태 특징

관찰 시기 어른벌레는 5월에서 7월에 관찰된다.

주요 습성 어른벌레는 벌채목이나 구멍장이버섯류의 안에서 발견된다.

국내 분포 북부와 중부지역에 분포한다.

국외 분포 일본, 중국, 러시아에 분포한다.

참개미붙이

Clerus dealbatus (Kraatz, 1879)

형태 특징

크기 몸 길이는 7~10mm이다.

주요 형질 몸은 길쭉하고, 앞가슴등판은 뒤쪽으로 좁아진다. 전체적으로 검은색이며 광택이 있고 온몸이 털로 덮여 있다. 딱지날개의 앞에는 붉은색의 뒤쪽에는 흰색의 가로 띠무늬가 있다. 더듬이는 딱지날개의 앞가장자리에 이른다.

생태 특징

어른벌레는 4월에서 8월까지 관찰된다. 주로 벌채목에서 빠르게 기어다니며 다른 곤충을 잡아먹는다. 소나무 벌채목에 유인된 나무좀류를 포식하기 위해 모이기도 한다.

국내 분포 중부지역에 분포한다.
국외 분포 중국, 러시아, 동양구에 분포한다.

갈색날개개미붙이

Falsotillus igarashii (Kôno, 1930)

형태 특징

크기 몸 길이는 7.5~10.2mm이다.

주요 형질 몸은 길쭉하고 양옆이 다소 평행하다. 머리, 다리, 더듬이와 배면은 검은색이고 딱지날개는 황갈색이며 짧은 털로 덮여 있다. 머리는 앞가슴등판의 앞가장자리보다 넓다. 눈은 크다. 더듬이는 앞가슴등판의 뒷가장자리에 이르며, 셋째에서 열째 더듬이마디는 톱니모양이다. 앞가슴등판은 원통형이며 가운데가 가장 넓다. 딱지날개는 끝으로 점점 넓어진다.

생태 특징

어른벌레는 7월에서 8월에 관찰된다. 어른벌레는 밤에 불빛에 날아오기도 한다.

국내 분포 전국적으로 분포한다.

국외 분포 일본, 러시아에 분포한다.

긴개미붙이

Opilo mollis (Linnaeus, 1758)

형태 특징

크기 몸 길이는 8.0~13.0mm이다.

주요 형질 몸은 길쭉하고 원통형이다. 전체적으로 밝은 갈색에서 갈색이며 딱지날개에 밝은 갈색에서 노란색의 무늬가 있다. 많은 털로 덮여 있다. 더듬이는 가늘고 기나 끝으로 점점 넓어지며 앞가슴등판의 뒷가장자리에 이른다. 더듬이 마지막 세마디는 약간 두꺼워지지만 뚜렷한 곤봉부를 형성하지는 않는다. 앞가슴등판은 길이가 더 길고 가운데에서 가장 넓다.

생태 특징

어른벌레는 6월에서 9월에 관찰된다. 어른벌레는 밤에 불빛에 날아오기도 한다.

국내 분포 제주도를 제외한 전국에 분포한다.
국외 분포 전세계에 분포한다.

가슴빨간개미붙이

Thanassimus substriatus (Gebler, 1832)

형태 특징

크기 몸 길이는 7.5~9.0mm이다.

주요 형질 몸은 길쭉하고 약간 납작하다. 머리와 앞가슴등판의 앞가장자리는 검은색, 앞가슴등판의 뒷부분, 딱지날개의 앞가장자리, 앞가슴등판의 옆면, 배마디는 빨간색이다. 앞가슴등판은 사각형이며 뒷가장자리가 딱지날개의 앞가장자리보다 좁고, 구멍이 촘촘하다. 딱지날개는 약간 볼록하다. 넓적다리마디가 두껍다.

생태 특징

어른벌레는 4월에서 7월에 관찰된다. 낮에 소나무 벌채목에서 관찰된다.

국내 분포 중부와 남부지역에 분포한다.
국외 분포 중국, 일본, 러시아, 몽골에 분포한다.

노랑띠의병벌레

Intybia tsushimensis Sato & Ohbayashi, 1968

형태 특징
크기 몸 길이는 2.8~3.4mm이다.

주요 형질 몸은 약간 길쭉하며 위아래로 약간 납작하다. 전체적으로 검은색이나 딱지날개의 가운데 황적색에서 노란색의 넓은 띠무늬가 있다. 수컷 첫째에서 넷째더듬이마디는 노란색이며 크게 부풀어 변형되어 있다. 눈은 크게 돌출되어 있다. 앞가슴등판의 뒤쪽에 눌린 자국이 있다. 딱지날개는 뒤쪽으로 점점 넓어진다.

생태 특징
어른벌레는 5월에서 9월에 관찰된다. 저수지변의 나뭇잎이나 풀잎에서 주로 발견된다.

국내 분포 제주도를 제외한 전국에 분포한다.
국외 분포 일본에 분포한다.

노랑무늬의병벌레

Malachius prolongatus Motschulsky, 1866

형태 특징
크기 몸 길이는 5~6mm이다.
주요 형질 몸은 길쭉하고 위아래로 약간 납작하다. 경화가 약하게 되어 있어 부드럽다. 전체적으로 어두운 녹색에서 청색이며, 이마방패, 앞가슴등판의 가장자리, 딱지날개의 끝은 노란색을 띤다. 눈은 양옆으로 돌출되어 있다.

생태 특징
어른벌레는 5월에서 6월까지 관찰된다. 생태는 잘 알려지지 않았다.

국내 분포 중부지역에 분포한다.
국외 분포 일본, 러시아에 분포한다.

큰가슴납작밑빠진벌레

Cychramus luteus (Fabricius, 1787)

형태 특징

크기 몸 길이는 3.0~5.9mm이다.

주요 형질 몸은 약간 긴 타원형이다. 전체적으로 황갈색이며 촘촘한 털로 덮여 있다. 광택은 거의 없다. 앞가슴등판은 크고, 뒤쪽으로 점점 넓어지는 반원형태이다. 앞가슴등판의 뒷가장자리는 딱지날개의 앞가장자리보다 넓다. 딱지날개는 뒤쪽으로 약간 좁아지며, 뚜렷한 점각렬은 없다. 뚜렷한 무늬가 없는 단색을 띠고 있다.

생태 특징

어른벌레는 6월에서 9월에 관찰된다. 어른벌레는 밤에 불빛에 날아오기도 한다. 꿀벌의 벌집에서도 발견되나 벌집에 큰 피해를 입히지는 않는 것으로 알려져 있다.

국내 분포 중부와 남부지역에 분포한다.

국외 분포 일본, 중국, 러시아, 몽골, 터키, 유럽, 동양구에 분포한다.

붙이큰납작밑빠진벌레

Epuraea pseudosoronia (Reitter, 1884)

형태 특징

크기 몸 길이는 5.5~7.0mm이다.

주요 형질 몸은 긴타원형이고 위아래로 다소 납작하다. 전체적으로 검은색이며 입틀, 더듬이, 다리는 갈색이다. 더듬이 마지막 3마디가 뚜렷한 곤봉부를 형성한다. 앞가슴등판은 머리보다 뚜렷이 넓고 앞가장자리는 넓게 오목하다. 뒷가장자리의 너비는 딱지날개의 앞가장자리보다 약간 더 넓다. 작은방패판은 역삼각형이다. 딱지날개에는 뚜렷한 점각렬이 없다.

생태 특징

어른벌레는 6월에서 9월에 관찰된다. 어른벌레는 버섯에서 발견된다.

국내 분포 전국적으로 분포한다.

국외 분포 일본, 러시아에 분포한다.

네눈박이밑빠진벌레

Glischrochilus japonicus (Motschulsky, 1858)

형태 특징

크기 몸 길이는 7~14mm이다.

주요 형질 몸은 넓고 길쭉하다. 전체적으로 검은색이며 딱지날개의 앞과 뒤에 붉은 가로 띠가 있다. 광택이 강하다. 큰턱이 매우 크고 두껍다. 앞가슴등판은 사각형이다. 딱지날개에 점각렬이 없으며 붉은 무늬가 뚜렷하다.

생태 특징

어른벌레는 6월에서 8월에 관찰된다. 어른벌레는 참나무의 수액에서 발견된다.

국내 분포 전국적으로 분포한다.

국외 분포 중국, 일본, 러시아, 대만, 네팔, 동양구에 분포한다.

Glischrochilus pantherinus (Reitter, 1879)

국명미정

형태 특징
크기 몸 길이는 5~6mm이다.

주요 형질 몸은 긴 타원형이고 광택이 강하다. 전체적으로 붉은색에서 적갈색, 황갈색을 띠며 더듬이 마지막 세마디는 검은색이다. 몸 전체에 여러개의 둥근 검은무늬가 있다. 정수리의 중앙에 둥근 검은무늬가 있다. 앞가슴등판은 머리보다 뚜렷이 넓고 5개의 검은 둥근 무늬가 있으며, 가운데 무늬는 나머지보다 뚜렷이 크다. 딱지날개는 양옆에 3쌍의 검은 무늬가 있으며 작은방패판의 밑에 1쌍의 검은 무늬, 그리고 가운데에 긴 검은 무늬가 있다.

생태 특징
어른벌레는 4월에서 5월에 관찰된다. 참나무류의 수액에서 발견된다.

국내 분포 전국적으로 분포한다.
국외 분포 일본, 러시아에 분포한다.

탈무늬밑빠진벌레

Glischrochilus parvipustulatus (Kolbe, 1886)

형태 특징

크기 몸 길이는 9.0~13.0mm이다.

주요 형질 몸은 길쭉한 알모양이며, 비교적 납작하나 등면으로 약간 볼록하다. 전체적으로 적갈색에서 어두운 갈색이며, 머리는 검은색이다. 딱지날개에 6개의 둥근 황갈색 무늬가 있으며 두개는 기부에, 두개는 중간 약간 아래에 있다. 중간 양옆에 위치한 둥근 무늬는 작고 희미하다. 광택이 강하며, 몸 전체에 구멍이 고르게 나 있고 듬성한 털이 있다. 더듬이 끝 세마디는 크게 확장되어 뚜렷한 곤봉부를 이루고 있다. 앞가슴등판은 뒤쪽으로 약간 더 넓어지며, 앞모서리가 앞으로 약간 돌출되어 있다.

생태 특징

어른벌레는 4월에서 10월에 관찰된다. 어른벌레는 나무의 수액에서 주로 관찰되며, 밤에 불빛에 날아오기도 한다.

국내 분포 전국적으로 분포한다.
국외 분포 일본, 중국, 러시아에 분포한다.

Glischrochilus rufiventris (Reitter, 1879)

국명미정

형태 특징
크기 몸 길이는 약 5mm이다.

주요 형질 몸은 길쭉한 알모양이며, 비교적 납작하나 등면으로 약간 볼록하다. 전체적으로
검은색이며, 더듬이 둘째에서 일곱째마디, 다리의 종아리마디는 적갈색이다. 딱지날개에
네개의 둥근 적갈색 무늬가 있으며 기부의 두개가 더 크고, 중간 약간 아래의 두개가 작다.
광택이 매우 강하며, 몸 전체에 구멍이 고르게 나 있다. 더듬이 끝 세마디는 크게 확장되어
뚜렷한 곤봉부를 이루고 있다. 앞가슴등판은 뒤쪽으로 약간 더 넓어지며, 앞모서리가 앞으로
약간 돌출되어 있다.

생태 특징
어른벌레는 4월에서 10월에 관찰된다. 어른벌레는 나무의 수액에서 주로 관찰된다.

국내 분포 전국적으로 분포한다.
국외 분포 일본, 러시아에 분포한다.

네무늬밑빠진벌레

Glischrochilus ipsoides (Reitter, 1879)

형태 특징

크기 몸 길이는 5.2~7.2mm이다.

주요 형질 몸은 알모양으로 넓으며, 위아래로 약간 볼록하다. 전체적으로 광택이 있는 검은색이며 딱지날개에 두 쌍의 황적색 무늬가 있다. 앞쪽 두개의 무늬는 안쪽이 넓고 바깥쪽은 가늘며 뒷옆쪽을 향했고, 뒤쪽 두개의 무늬는 옆을 향했다. 더듬이 마지막 세마디는 뚜렷한 곤봉모양을 이룬다. 앞가슴등판은 뒤쪽으로 약간 더 넓어진다.

생태 특징

어른벌레는 5월에서 10월에 관찰된다. 참나무류의 수액 등에서 발견되며 밤에 불빛에 날아오기도 한다.

국내 분포 전국적으로 분포한다.
국외 분포 일본, 러시아에 분포한다.

Neopallodes omogonis Hisamatsu, 1953

국명미정

형태 특징

크기 몸 길이는 2.5~3.7mm이다.

주요 형질 몸은 둥근 알모양이며 위아래로 볼록하다. 광택이 있으며 머리는 검은색이나 정수리 부분은 갈색에서 적갈색이며, 앞가슴등판은 갈색에서 적갈색이나 가운데 검은 무늬가 있다. 딱지날개는 검은색이나 갈색에서 적갈색의 긴 세로 띠무늬가 있다. 딱지날개에 2줄의 구멍으로 이루어진 점각렬이 있다. 뒷다리발목마디는 종아리마디의 길이와 비슷하다.

생태 특징

어른벌레는 6월에서 9월에 관찰된다. 어른벌레는 버섯에서 발견된다.

국내 분포 전국적으로 분포한다.

국외 분포 일본에 분포한다.

Omosita discoidea (Fabricius, 1775)

국명미정

형태 특징

크기 몸 길이는 2.0~3.8mm이다.

주요 형질 몸은 긴 타원형이고 위아래로 약간 납작하다. 더듬이는 어두운 갈색이고 머리 너비보다 약간 더 길다. 더듬이의 곤봉부는 더듬이 전체 길이의 1/4이상이다. 앞가슴등판은 가운데는 검은색이고 양옆은 갈색에서 적갈색이다. 앞가슴등판은 너비가 길이의 약 1.8배이다. 딱지날개는 절반이상에 노란색에서 황갈색 무늬가 있다.

생태 특징

어른벌레는 2월에서 5월에 관찰된다. 어른벌레는 썩은 과일이나 시체에서 발견된다.

국내 분포 전국적으로 분포한다.

국외 분포 일본, 중국, 러시아, 유럽, 신북구, 신열대구에 분포한다.

구름무늬납작밑빠진벌레

Omosita japonica Reitter, 1874

형태 특징
크기 몸 길이는 2.8~4.2mm이다.
주요 형질 몸은 긴 타원형이며 위아래로 다소 납작하다. 머리는 검은색이고, 더듬이는 어두운 갈색이다. 앞가슴등판의 가운데 부분은 검은색이며 바깥쪽은 적갈색을 띤다. 딱지날개의 무늬는 중앙 뒤편에 나타난다. 더듬이의 곤봉부는 더듬이 전체 길이의 1/4정도이다. 앞가슴등판은 너비가 길이의 약 1.7배이다.

생태 특징
어른벌레는 4월에서 9월에 관찰된다. 어른벌레는 동물의 사체에서 주로 발견되며, 밤에 불빛에 날아오기도 한다.

국내 분포 전국적으로 분포한다.
국외 분포 일본, 중국, 러시아에 분포한다.

갈색무늬납작밑빠진벌레

Phenolia pictus (MacLeay, 1825)

형태 특징
크기 몸 길이는 5.5~8.5mm이다.
주요 형질 몸은 약간 긴 타원형이고 넓적하며 위아래로 납작하다. 전체적으로 갈색에서 적갈색이며 딱지날개에 황갈색의 무늬가 넓게 나타난다. 앞가슴등판의 앞가장자리는 오목하다. 딱지날개의 세로줄은 뚜렷하다.

생태 특징
어른벌레는 6월에서 8월에 관찰된다. 어른벌레는 꽃에서 발견된다.

국내 분포 전국적으로 분포한다.
국외 분포 중국, 일본, 대만, 파키스탄, 아프리카구, 오스트레일리아구, 동양구에 분포한다.

황갈색무늬납작밑빠진벌레

Pocadius nobilis Reitter, 1873

형태 특징

크기 몸 길이는 3.8~4.5mm이다.

주요 형질 몸은 둥근 알모양이다. 전체적으로 갈색에서 적갈색이나 앞가슴등판의 가운데, 작은방패판, 딱지날개의 옆가장자리와 뒤쪽은 검은색이다. 몸이 짧은 털로 덮여 있다. 더듬이는 짧고 3마디가 곤봉부를 형성한다. 눈은 돌출되어 있다. 앞가슴등판의 앞가장자리는 넓게 오목하고 뒤쪽으로 넓어진다. 딱지날개의 앞가장자리 너비는 앞가슴등판의 뒷가장자리와 비슷하다.

생태 특징

어른벌레는 5월에서 9월에 관찰된다. 어른벌레는 버섯에서 발견된다.

국내 분포 전국적으로 분포한다.
국외 분포 일본, 중국, 러시아, 동양구에 분포한다.

긴수염머리대장

Uleiota arborea (Reitter, 1899)

형태 특징

크기 몸 길이는 4.3~6.0mm이다.

주요 형질 몸은 길고, 양옆이 다소 평행하며, 위아래로 매우 납작하다. 전체적으로 갈색에서 어두운 갈색을 띠며, 더듬이와 다리는 갈색이다. 더듬이는 매우 길며, 몸길이보다 길거나 몸길이와 비슷하다. 첫째 더듬이마디는 머리의 너비보다 길다. 앞가슴등판은 뒤쪽으로 약간 좁아지며 양옆이 톱니모양이다. 딱지날개는 앞가슴등판의 2배보다 뚜렷이 더 길며, 점각렬이 있다.

생태 특징

어른벌레는 4월에서 10월에 관찰된다. 죽거나 잘려진 나무의 껍질 밑에서 발견된다.

국내 분포 제주도를 제외한 전국에 분포한다.
국외 분포 일본, 러시아에 분포한다.

머리대장

Cucujus haematodes Erichson, 1845

형태 특징

크기 몸 길이는 약 15.0mm이다.

주요 형질 몸은 길쭉하며 위아래로 매우 납작하다. 전체적으로 적갈색을 띠며, 더듬이와 눈, 다리는 검은색이다. 머리에는 짧고 검은 털이 있으며 눈 뒤쪽에 2쌍의 긴 센털이 있다. 관자놀이는 잘 발달되어 있다. 큰턱은 크고 잘 발달되어 있다. 앞가슴등판은 길이와 너비가 비슷하고, 양옆에 홈이 있다. 딱지날개에 구멍이 있으며, 몇 개의 긴 센털이 있다.

생태 특징

어른벌레는 4월에서 10월에 관찰된다. 죽은 나무의 껍질 밑에서 발견된다.

국내 분포 전국적으로 분포한다.

국외 분포 일본, 중국, 러시아, 유럽에 분포한다

넓적머리대장

Laemophloeus submonilis Reitter, 1889

형태 특징

크기 몸 길이는 3~5mm이다.

주요 형질 몸은 길쭉하고 매우 납작하고 광택이 있다. 전체적으로 검은색에서 어두운 갈색이며 입틀, 더듬이, 다리는 갈색에서 밝은 갈색이다. 머리는 너비가 길이보다 뚜렷이 더 넓고, 눈은 튀어나와 있으며 더듬이는 길다. 앞가슴등판은 머리보다 약간 넓으며, 옆가장자리 안쪽에 뚜렷한 세로 융기선이 있다. 딱지날개는 앞가슴등판의 너비와 비슷하고 가운데 부분에 한쌍의 황갈색 긴타원형 무늬가 있다. 다리는 비교적 짧다.

생태 특징

어른벌레는 4월에서 10월에 관찰된다. 썩은 나무의 껍질 밑에서 발견되며, 여름 밤에 불빛에도 잘 날아온다.

국내 분포 제주도를 제외한 전국에 분포한다.
국외 분포 일본, 러시아에 분포한다.

붉은가슴방아벌레붙이

Anadastus atriceps (Crotch, 1873)

형태 특징
크기 몸 길이는 6~8mm이다.
주요 형질 몸은 가늘고 길쭉하다. 전체적으로 검은색이며 앞가슴등판은 붉은색이고 광택이
강하다. 더듬이 마지막 세마디는 두껍게 발달하였다. 앞가슴등판은 직사각형이며 뒤쪽으로
약간 더 넓어진다. 딱지날개의 점각렬은 뚜렷하다.

생태 특징
어른벌레는 6월에서 8월에 관찰된다. 생태는 알려지지 않았다.

국내 분포 전국적으로 분포한다.
국외 분포 일본에 분포한다.

끝검은방아벌레붙이

Anadastus praeustus (Crotch, 1873)

형태 특징
크기 몸 길이는 5~8mm이다.

주요 형질 몸은 가늘고 길쭉하다. 전체적으로 붉은색이며 딱지날개의 뒷가장자리는 검은색이다. 더듬이 마지막 세마디가 크게 부풀어 있다. 앞가슴등판은 가운데에서 가장 넓으며 앞뒷가장자리로 갈수록 점점 좁아진다. 딱지날개의 구멍을 뚜렷하다.

생태 특징
어른벌레는 6월에서 9월에 관찰된다. 억새 등에서 발견된다.

국내 분포 중부와 남부지역에 분포한다.
국외 분포 중국, 일본, 동양구에 분포한다.

톱니무늬버섯벌레

Aulacochilus decoratus Reitter, 1879

형태 특징

크기 몸 길이는 5.5~7mm이다.

주요 형질 몸은 긴타원형이며 가운데에서 가장 넓다. 전체적으로 검은색이고 딱지날개의 앞쪽에 붉은색 톱니무늬가 선명하며 광택이 강하다. 더듬이는 11마디이고 염주모양이다. 앞가슴등판은 뒤쪽으로 점점 넓어진다.

생태 특징

어른벌레는 3월에서 11월에 관찰된다. 버섯이 있는 썩은 나무에서 발견된다.

국내 분포 전국적으로 분포한다.
국외 분포 중국, 일본, 러시아에 분포한다.

털보왕버섯벌레

Episcapha fortunei Crotch, 1873

형태 특징
크기 몸 길이는 9~13mm이다.
주요 형질 몸은 긴타원형이며 위아래로 볼록하고 특히 등면이 둥글게 솟아 있다. 전체적으로 검은색이며 딱지날개의 앞과 뒷가장자리에 주황색의 톱니무늬가 있으며 광택이 있다. 아홉째에서 열한째 더듬이마디는 크게 확장되어 있다. 앞가슴등판의 앞가장자리는 오목하고 뒷가장자리는 약간 물결모양이다.

생태 특징
어른벌레는 6월에서 이듬해 3월에 관찰된다. 나무에 핀 버섯이나 균류에 감염된 나무에서 발견된다.

국내 분포 중부지역에 분포한다.
국외 분포 중국, 일본에 분포한다.

무당벌레붙이

Ancylopus pictus Strohecker, 1972

형태 특징
크기 몸 길이는 4.5~5.0mm이다.

주요 형질 몸은 길쭉하고, 머리와 앞가슴등판은 약간 볼록하며, 딱지날개는 매우 볼록하다. 전체적으로 검은색이며, 앞가슴등판은 노란색에서 붉은색을 띠고 딱지날개에 두개의 큰 노란색에서 붉은색 무늬가 있다. 광택이 있으며 짧은 털로 덮여 있다. 더듬이에는 뚜렷한 곤봉부가 없다. 앞가슴등판은 사각형이며 양옆이 거의 평행하다. 딱지날개의 앞가장자리는 앞가슴등판의 뒷가장자리보다 넓다. 다리는 비교적 길다.

생태 특징
어른벌레는 3월에서 10월에 관찰된다. 어른벌레는 낮에 풀밭에서 관찰되며 밤에 불빛에 날아오기도 한다. 어른벌레로 겨울을 지낸다.

국내 분포 전국적으로 분포한다.
국외 분포 일본, 중국, 대만, 베트남, 인도에 분포한다.

네점무늬무당벌레붙이

Eumorphus quadriguttatus Gerstaecker, 1857

형태 특징

크기 몸 길이는 10.0~12.0mm이다.

주요 형질 몸은 길쭉한 알모양이며 위아래로 볼록하다. 전체적으로 검은색을 띤다. 광택이 있으며, 짧은 털로 덮여 있다. 딱지날개에 4개의 노란색 점이 있으며, 넓적다리마디의 절반은 붉은색이다. 겹눈은 돌출되어 있고, 낱눈은 조밀하다. 더듬이 마지막 3마디가 확장되어 약한 곤봉형태를 띤다. 앞가슴등판은 사각형이고 양옆이 평행하며, 기부의 가로홈은 뒷가장자리와 거의 평행하고 측면의 세로홈은 깊다.

생태 특징

어른벌레는 6월에서 7월에 관찰된다. 어른벌레는 점균류를 먹는 것으로 알려져 있다.

국내 분포 중부지역에 분포한다.

국외 분포 일본, 중국, 대만, 네팔, 스리랑카, 인도에 분포한다.

남생이무당벌레

Aiolocaria hexaspilota (Hope, 1831)

형태 특징

크기 몸 길이는 8~13mm이다.

주요 형질 몸은 반구형이다. 검은색으로 광택이 강하다. 앞가슴등판의 양 옆에 눈 모양의 흰 무늬가 있다. 딱지날개에 붉은 무늬가 대칭을 이루고 있다. 딱지날개의 가장자리는 편평하다.

생태 특징

어른벌레는 4월에서 10월까지 관찰된다. 어른벌레는 버들잎벌레나 호두나무잎벌레 등의 애벌레를 주로 먹는다. 늦가을에 무리지어 겨울을 난다. 만지면 냄새가 나는 빨간 물질을 낸다.

국내 분포 전국적으로 분포한다.

국외 분포 중국, 일본, 대만, 러시아, 네팔, 인도에 분포한다.

달무리무당벌레

Anatis halonis Lewis, 1896

형태 특징

크기 몸 길이는 7~9mm이다.

주요 형질 몸은 반구형이다. 앞가슴등판은 흰색에서 밝은 노란색이고, 딱지날개는 적갈색이다. 앞가슴등판에 M자 모양의 검은 무늬가 있으며, 딱지날개에 흰 둥근 무늬가 있다. 다리는 적갈색이다.

생태 특징

어른벌레는 4월에서 6월까지 관찰된다. 애벌레는 봄에 소나무류에서 진딧물을 먹는다. 어른벌레는 소나무나 그 주변의 활엽수에서 볼 수 있다.

국내 분포 제주도를 제외한 전국에 분포한다.

국외 분포 일본, 러시아에 분포한다.

십구점무당벌레

Anisosticta kobensis Lewis, 1896

형태 특징
크기 몸 길이는 3.6~4.0mm이다.
주요 형질 몸은 길쭉한 알모양이고 위쪽으로 볼록하다. 길이가 약간 더 길며 위아래로 볼록하다. 전체적으로 갈색이나 머리, 앞가슴등판, 딱지날개에 검은색의 둥근 점 무늬가 있다. 머리는 검은색이며 노란색 점이 앞쪽으로 있다. 앞가슴등판에는 6개의 점이 있으며, 딱지날개에 19개의 점이 있다.

생태 특징
어른벌레는 3월에서 9월에 관찰된다. 어른벌레는 벼멸구를 먹는 것으로 알려져 있다.

국내 분포 전국적으로 분포한다.
국외 분포 일본, 중국, 러시아에 분포한다.

열흰점박이무당벌레

Calvia decemguttata (Linnaeus, 1758)

형태 특징

크기 몸 길이는 4~6mm이다.

주요 형질 몸은 작고 둥글며 볼록하다. 전체적으로 주황색 바탕에 흰색의 둥근 무늬가 있으며 광택이 있다. 앞가슴등판에 세 개의 불완전한 희고 둥근 점이 있다. 딱지날개에 10개의 흰 점 무늬가 있다.

생태 특징

어른벌레는 6월에서 8월에 관찰된다. 밤에 불빛에 날아온다.

국내 분포 전국적으로 분포한다.

국외 분포 중국, 일본, 러시아, 몽골, 터키, 유럽에 분포한다.

네점가슴무당벌레

Calvia muiri (Timberlake, 1943)

형태 특징
크기 몸 길이는 4~6mm이다.
주요 형질 몸은 작고 둥글며 볼록하다. 전체적으로 주황색 바탕에 흰색의 둥근 무늬가 있으며 광택이 있다. 머리의 앞쪽은 흰색이다. 더듬이는 매우 짧다. 앞가슴등판에 4개의 작은 흰색 점무늬가 있으며 니비가 뚜렷이 더 넓고 앞가장자리는 오목하다. 딱지날개에는 2-2-2-1 쌍씩의 일정한 흰색 점무늬가 있다.

생태 특징
어른벌레는 6월에서 8월에 관찰된다. 느티나무와 참나무류에서 사는 진딧물을 먹고 산다.

국내 분포 중부와 남부지역에 분포한다.
국외 분포 중국, 일본, 대만에 분포한다.

애홍점박이무당벌레

Chilocorus kuwanae Silvestri, 1909

형태 특징
크기 몸 길이는 3~5mm이다.
주요 형질 몸은 작고 둥글며 볼록하다. 전체적으로 검은색 바탕에 딱지날개에 1쌍의 작고 둥근 붉은 무늬가 있고 광택이 매우 강하다. 머리의 뒷가장자리는 가려져 있으며, 더듬이는 매우 짧다. 앞가슴등판은 너비가 뚜렷이 더 넓고, 앞가장자리가 오목하다.
딱지날개는 가운데에서 가장 넓고 뒤쪽으로 급격히 좁아진다.

생태 특징
어른벌레는 3월에서 11월에 관찰된다. 느티나무와 같은 활엽수에서 발견된다.

국내 분포 전국적으로 분포한다.
국외 분포 중국, 일본, 러시아, 아시아, 프랑스, 이탈리아, 신북구, 동양구에 분포한다.

칠성무당벌레

Coccinella septempunctata Linnaeus, 1758

형태 특징
크기 몸 길이는 5~8.5mm이다.
주요 형질 몸은 반구형이다. 머리, 앞가슴등판, 다리는 검은색이고 딱지날개는 빨간색이다. 눈 사이에 한 쌍의 흰 점무늬가 있고 앞가슴등판의 앞가장자리에도 한 쌍의 흰 점무늬가 있어 눈처럼 보인다. 딱지날개에는 검은 점이 7개 있다.

생태 특징
어른벌레는 3월에서 11월까지 관찰된다. 애벌레와 어른벌레 모두 진딧물을 먹는다. 양지바른 곳에서 매우 흔하게 관찰된다.

국내 분포 전국적으로 분포한다.
국외 분포 아시아, 유럽, 아프리카구, 신북구, 동양구에 분포한다.

콩팥무늬무당벌레

Coccinula sinensis (Weise, 1889)

형태 특징
크기 몸 길이는 2.9~3.7mm이다.
주요 형질 몸은 짧은 타원형이며 등면이 볼록하다. 표면에 광택이 강하고 깊고 촘촘한 구멍이 있다. 이마는 옅은 노란색이며 뒤쪽은 검은색이다. 더듬이와 입틀은 갈색이다. 앞가슴등판은 검은색이며 앞가장자리와 옆가장자리는 노란색이다. 딱지날개는 검은색이며 일곱개의 노란색 콩팥모양 점이 2-2-2-1로 배열되어 있다. 다리는 황갈색에서 검은색이며, 뒷다리 넓적다리마디는 검은색이다.

생태 특징
어른벌레는 6월에서 7월에 관찰된다. 어른벌레는 낮에 풀밭이나 꽃에서 관찰된다.

국내 분포 중부와 남부지역에 분포한다.
국외 분포 일본, 중국, 러시아, 몽골에 분포한다.

곱추무당벌레

Epilachna quadricollis (Dieke, 1947)

형태 특징
크기 몸 길이는 4.2~5.5mm이다.

주요 형질 몸은 짧은 알모양이며 둥글고 위로 매우 볼록하다. 전체적으로 적갈색이며 앞가슴등판에 한개 또는 한쌍의 검은 점이 있다. 딱지날개에는 5쌍의 검은 점이 4-4-2 순으로 배열되어 있다. 눈은 작고 뺨은 머리 너비의 2/3이다.

생태 특징
어른벌레는 5월에서 7월에 관찰된다. 물푸레나무, 쥐똥나무 등을 가해한다.

국내 분포 전국적으로 분포한다.
국외 분포 중국에 분포한다.

무당벌레

Harmonia axyridis (Pallas, 1773)

형태 특징
크기 몸 길이는 5~8mm이다.
주요 형질 몸은 반구형이다. 색과 몸의 무늬는 개체마다 변이가 매우 다양하다. 소나무무당벌레보다 딱지날개 끝이 덜 뾰족하고 딱지날개 뒷부분에 집힌듯한 자국의 돌기가 있다.

생태 특징
어른벌레는 3월에서 11월까지 관찰된다. 애벌레와 어른벌레 모두 진딧물을 먹는다. 매우 흔하게 관찰되며, 겨울에 무리지어 겨울잠을 잔다.

국내 분포 전국적으로 분포한다.
국외 분포 구북구, 신북구, 신열대구에 분포한다.

소나무무당벌레

Harmonia yedoensis (Takizawa, 1917)

형태 특징

크기 몸 길이는 4.5~8mm이다.

주요 형질 몸은 둥글고 위아래로 볼록하며 광택이 있다. 색과 몸의 무늬는 개체마다 변이가 매우 다양하다. 무당벌레와 달리 딱지날개의 끝이 더 뾰족하고 딱지날개의 뒷부분 양 테두리가 편평하게 확장되지 않았다.

생태 특징

어른벌레는 3월에서 11월까지 관찰된다. 애벌레와 어른벌레 모두 진딧물을 먹는다. 매우 흔하게 관찰되며 겨울에 무리지어 겨울잠을 잔다.

국내 분포 전국적으로 분포한다.

국외 분포 중국, 일본, 대만, 동양구에 분포한다.

큰이십팔점박이무당벌레

Henosepilachna vigintioctomaculata (Motschulsky, 1858)

형태 특징
크기 몸 길이는 7~9mm이다.
주요 형질 몸은 비교적 크고 둥글며 매우 볼록하다. 전체적으로 황갈색이고 앞가슴등판과 딱지날개에 검은 점이 많으며 활갈색의 잔털이 등면 전체에 있다. 더듬이는 매우 짧다. 딱지날개의 검은 점무늬는 개체에 따라 변이가 있지만 기본적으로 14쌍이 있다.

생태 특징
어른벌레는 4월에서 10월에 관찰된다. 어른벌레와 애벌레 모두 감자, 구기자와 같은 가지과 식물의 잎을 먹는다.

국내 분포 전국적으로 분포한다.
국외 분포 중국, 일본, 러시아, 아시아, 오스트레일리아구, 동양구에 분포한다.

열석점긴다리무당벌레

Hippodamia tredecimpunctata (Linnaeus, 1758)

형태 특징

크기 몸 길이는 5.8~6.2mm이다.

주요 형질 몸은 긴 타원형이고 등면으로 약간 볼록하며 광택이 있다. 머리는 검은색이며 앞가운데 부분에 삼각형모양으로 노란색이며, 더듬이와 입틀은 적갈색이다. 앞가슴등판은 가운데 부분은 검은색이고 나머지 부분은 밝은 노란색이다. 작은방패판은 검은색이다. 딱지날개는 주황색에서 황적색이며 13개의 검은 점이 있고, 뒤쪽 6개 점은 앞쪽보다 더 크다. 배면은 검은색이다. 머리 너비는 앞가슴등판 너비의 1/3이다.

생태 특징

어른벌레는 5월에서 9월에 관찰된다. 어른벌레는 부들류와 같은 수서식물에서 주로 발견되며, 애벌레와 어른벌레 모두 진딧물을 먹는다.

국내 분포 전국적으로 분포한다.

국외 분포 일본, 러시아, 중국, 대만, 몽골, 유럽, 신북구에 분포한다.

방패무당벌레

Hyperaspis asiatica Lewis, 1896

형태 특징
크기 몸 길이는 2.8~3.2mm이다.
주요 형질 몸은 짧은 알모양이며 위아래로 볼록하다. 전체적으로 검은색이나 이마, 윗입술, 더듬이는 노란색이고 암컷의 이마는 검은색이다. 앞가슴등판의 양옆에 노란색 무늬가 있다. 딱지날개의 뒤쪽에도 둥근 노란 무늬가 있다. 머리는 너비가 더 넓으며 뒷가장자리는 둥글다. 앞가슴등판은 뒤쪽으로 점점 넓어진다. 작은방패판은 뒤집어진 삼각형이다.

생태 특징
어른벌레는 7월에서 8월에 관찰된다. 잘 알려지지 않았다.

국내 분포 중부와 남부지역에 분포한다.
국외 분포 일본, 중국, 러시아에 분포한다.

노랑무당벌레

Illeis koebelei Timberlake, 1943

형태 특징
크기 몸 길이는 약 3mm이다.

주요 형질 몸은 매우 작고 둥글며 볼록하다. 전체적으로 노란색바탕에 머리와 가슴은 하얀색이며 검은 무늬가 있다. 머리의 뒷가장자리는 검은색이다. 앞가슴등판의 뒷가장자리의 중앙에 한쌍의 검은 무늬가 있으며 앞가장자리는 오목하다. 앞가슴등판은 너비가 뚜렷이 더 넓고 딱지날개보다 좁다.

생태 특징
어른벌레는 4월에서 9월에 관찰된다. 가중나무 잎에서 주로 발견된다.

국내 분포 전국적으로 분포한다.

국외 분포 중국, 일본, 대만, 동양구, 오세아니아구에 분포한다.

긴점무당벌레

Sospita oblongoguttata (Yuasa, 1963)

형태 특징
크기 몸 길이는 7~8.5mm이다.
주요 형질 몸은 보통 크기이고, 둥글며 위아래로 볼록하다. 전체적으로 적갈색을 띠며, 앞
가슴등판의 양옆과 딱지날개에 흰색의 세로무늬가 있으나 개체에 따라 변이가 있다. 머리는
앞가슴등판에 의해 뒷가장자리가 가려진다. 앞가슴등판은 너비가 뚜렷이 더 길다. 딱지날개
의 흰 무늬는 뚜렷하다.

생태 특징
어른벌레는 4월에서 8월에 관찰된다. 진딧물을 먹으며 낮에는 나뭇잎이나 기둥에 붙어 쉬는
모습을 볼 수 있다.

국내 분포 전국적으로 분포한다.
국외 분포 일본에 분포한다.

점박이애버섯벌레

Litargus japonicus Reitter, 1877

형태 특징
크기 몸 길이는 약 3mm이다.
주요 형질 몸은 길쭉하고 약간 납작하며 털로 덮여 있다. 전체적으로 검은색이나 다리와 더듬이는 갈색에서 어두운 갈색이다. 눈은 양옆으로 약간 돌출되어 있다. 더듬이 마지막 3마디는 곤봉형이다. 앞가슴등판은 뒤쪽으로 점점 넓어지며 기부에서 가장 넓다. 딱지날개에는 6개의 황갈색 점무늬가 있으며 앞에 2개가 가장 작고 뒤쪽의 무늬가 가장 크다.

생태 특징
어른벌레는 3월에서 5월에 관찰된다. 균류에 감염된 썩은 나무에서 발견되며, 균류를 먹는 것으로 알려져 있다.

국내 분포 중부와 남부지역에 분포한다.
국외 분포 일본에 분포한다.

검정애버섯벌레

Mycetophagus ater (Reitter, 1879)

형태 특징

크기 몸 길이는 5.5~6.5mm이다.

주요 형질 몸은 긴 타원형이다. 전체적으로 검은색이나 몸의 테두리와 더듬이, 다리는 갈색에서 적갈색을 띤다. 눈은 크고 뚜렷하다. 머리는 눈 뒤쪽으로 급격히 좁아진다. 앞가슴 등판은 위쪽으로 넓어지며, 뒷가장자리에서 가장 넓다. 뒷가장자리 부근에 두 개의 홈이 있다. 딱지날개는 앞가슴등판의 너비와 비슷하며 뚜렷한 점각렬이 있다.

생태 특징

어른벌레는 5월에서 9월에 관찰된다. 생태는 잘 알려지지 않았다.

국내 분포 중부와 남부지역에 분포한다.

국외 분포 일본, 중국, 러시아, 몽골, 카자흐스탄, 유럽에 분포한다.

금강산거저리

Basanus tsushimensis M. Chûjô, 1963

형태 특징

크기 몸 길이는 7~9mm이다.

주요 형질 몸은 긴 계란형이고 등면은 볼록하다. 전체적으로 검은색이나 가운데가슴배판, 뒷가슴배판, 배, 종아리마디의 발목마디의 끝은 적갈색이다. 겹눈은 크고 돌출되어 있다. 앞가슴등판은 사다리꼴이고 볼록하며, 뒷가장자리는 물결모양이다. 딱지날개의 앞부분에 가로로 넓은 띠무늬가 있다.

생태 특징

어른벌레는 5월에서 9월에 관찰된다. 버섯이나 균사체에 감염된 나무에서 발견된다.

국내 분포 전국적으로 분포한다.
국외 분포 일본에 분포한다.

제주거저리

Blindus strigosus (Faldermann, 1835)

형태 특징

크기 몸 길이는 7~9mm이다.

주요 형질 몸은 길쭉한 타원형이며 등면은 약간 볼록하다. 전체적으로 검은색이며 광택이 있다. 머리는 거의 반원형이며 구멍이 촘촘하다. 더듬이는 끝으로 갈수록 점점 커진다. 앞가 슴등판은 사다리꼴이며 뒷가장자리는 거의 직선이다. 앞다리 종아리마디는 끝으로 강하게 팽창되고 안쪽으로 휘어져 있다.

생태 특징

이른벌레는 4월에서 8월에 관찰된다. 낙엽이나 썩은 나무 부스러기가 쌓인 부엽토에서 발견된다.

국내 분포 전국적으로 분포한다.

국외 분포 중국, 일본, 러시아, 대만, 몽골에 분포한다.

긴뿔거저리

Cryphaeus duellicus (Lewis, 1894)

형태 특징
크기 몸 길이는 약 9mm이다.

주요 형질 몸은 길쭉하고 양옆이 거의 평행하며 등면은 약간 볼록하다. 전체적으로 검은색이나 더듬이와 다리는 적갈색이다. 머리는 주름지고, 크고 조밀한 구멍이 있다. 앞가슴등판의 뒷가장자리는 물결모양이다. 수컷의 이마방패는 옆으로 돌출되어 있다. 이마는 길고 가는 한 쌍의 뿔이 있으며 등쪽으로 약간 굽었다. 암컷의 이마에는 뭉툭한 돌기가 있다.

생태 특징
어른벌레는 5월에서 10월에 관찰된다. 주로 버섯이나 버섯이 자라는 나무껍질 아래에서 발견된다.

국내 분포 전국적으로 분포한다.
국외 분포 중국, 일본, 러시아에 분포한다.

르위스거저리

Diaperis lewisi Bates, 1873

형태 특징
크기 몸 길이는 6~7mm이다.
주요 형질 몸은 반구형에 가까운 타원형이며 짧고, 등면이 매우 볼록하다. 전체적으로 검은
색이나 붉은 무늬가 뚜렷하고 광택이 강하다. 앞가슴등판은 마름모꼴이며 매우 볼록하다. 딱지
날개는 알모양이고 볼록하며 붉은 무늬가 있다.

생태 특징
어른벌레는 5월에서 9월에 관찰된다. 민주름목의 버섯에서 발견된다.

국내 분포 전국적으로 분포한다.
국외 분포 중국, 일본, 러시아, 대만, 동양구에 분포한다.

긴뺨모래거저리

Gonocephalum coenosum Kaszab, 1952

형태 특징
크기 몸 길이는 7~10mm이다.
주요 형질 몸은 넓적하다. 전체적으로 흑갈색이며, 표면은 짧은 적황색 털로 덮여 있다. 더듬이의 길이는 앞가슴등판의 뒷가장자리에 이른다. 여덟째에서 열한째 더듬이마디는 팽창하였다. 앞가슴등판은 너비가 더 넓고 딱지날개 너비보다 약간 좁다.

생태 특징
어른벌레는 5월에서 9월에 관찰된다. 사구지형에서 발견된다.

국내 분포 전국적으로 분포한다.
국외 분포 중국, 일본, 대만에 분포한다.

산맴돌이거저리

Plesiophthalmus davidis Fairmaire, 1878

형태 특징
크기 몸 길이는 15~18mm이다.
주요 형질 몸은 두껍고 길쭉하다. 전체적으로 검은색이며 광택이 없다. 더듬이는 딱지날개의
앞 1/3지점에 이른다. 앞가슴등판은 볼록하고 뒤쪽으로 점점 넓어진다. 딱지날개는 매우
볼록하고 뒤쪽으로 점점 좁아진다. 다리는 길다.

생태 특징
어른벌레는 5월에서 9월에 관찰된다. 썩은 나무 주위에서 발견되며 애벌레도 썩은 나무를 먹
고 산다.

국내 분포 중부와 남부지역에 분포한다.
국외 분포 중국, 러시아, 동양구에 분포한다.

별거저리

Strongylium cultellatum Mäklin, 1864

형태 특징
크기 몸 길이는 7~13mm이다.
주요 형질 몸은 길쭉하다. 전체적으로 어두운 갈색이며, 입틀과 더듬이, 다리는 갈색이고, 더듬이의 마지막 마디는 노란색이다. 이마는 볼록하고, 겹눈의 사이가 Y자 모양으로 솟아 있다. 겹눈은 매우 크다. 앞가슴등판은 볼록하고 구멍이 촘촘하며 길이가 더 길다. 딱지날개는 볼록하고 점각렬이 뚜렷하다. 발목마디의 아래쪽에 센털이 촘촘하다.

생태 특징
어른벌레는 4월에서 8월에 관찰된다. 활엽수 고사목에서 많이 발견되며, 밤에 불빛에 날아오기도 한다.

국내 분포 전국적으로 분포한다.
국외 분포 중국, 일본에 분포한다.

우묵거저리

Uloma latimanus Kolbe, 1886

형태 특징

크기 몸 길이는 7~9mm이다.

주요 형질 몸은 길쭉한 타원형이며 등면은 약간 볼록하다. 전체적으로 어두운 갈색이다. 겹눈은 긴 타원형이다. 더듬이의 마지막 다섯개의 마디는 털로 덮여 있다. 앞가슴등판의 양옆을 비교적 평행하고 뒷가장자리는 물결모양이다. 딱지날개의 점각은 뚜렷하다.

생태 특징

어른벌레는 4월에서 9월에 관찰된다. 애벌레와 어른벌레 모두 썩은 나무속에서 발견된다.

국내 분포 전국적으로 분포한다.
국외 분포 일본에 분포한다.

묘향산거저리

Anaedus mroczkowskii Kaszab, 1968

형태 특징
크기 몸 길이는 6.5~8mm이다.

주요 형질 몸은 넓적하고 위아래로 납작하며 약간의 광택이 있고, 전체에 작은 돌기들이 있다. 전체적으로 흑갈색을 띤다. 더듬이는 염주모양으로 앞가슴등판의 끝을 조금 넘는다. 앞가슴등판의 가운데에 세로 융기선이 있으며, 양옆이 넓게 퍼져있다. 딱지날개의 점각은 뚜렷하다.

생태 특징
어른벌레는 6월에서 8월까지 관찰된다. 어른벌레는 소나무에서 발견되며, 썩은 소나무에서 어른벌레로 겨울을 난다.

국내 분포 전국적으로 분포한다.

모래붙이거저리

Caedius marinus Marseul, 1876

형태 특징
크기 몸 길이는 약 4mm이다.
주요 형질 몸은 긴 타원형이며 위아래로 약간 볼록하고 광택이 있다. 전체적으로 검은색에서 어두운 갈색이다. 더듬이는 염주모양으로 짧다. 앞가슴등판은 너비가 더 넓고 끝으로 갈수록 더 넓어지며 중앙이 볼록하게 솟아 있다. 딱지날개의 점각은 뚜렷하지 않다.

생태 특징
어른벌레는 4월에서 6월까지 관찰된다. 바닷가의 모래지형에서 발견된다. 낮에는 모래속에 구멍을 파고 숨어있다가 밤에 나와 활동한다. 건드리면 죽은 척을 한다.

국내 분포 전국적으로 분포한다.
국외 분포 일본에 분포한다.

구슬무당거저리

Ceropria inducta (Wiedemann, 1819)

형태 특징
크기 몸 길이는 약 10mm이다.
주요 형질 몸은 긴 타원형이며 위쪽으로 볼록하다. 전체적으로 보랏빛을 띠는 흑색이며, 금속성 광택이 있다. 눈은 크고 돌출되어 있지 않다. 넷째에서 열한째 더듬이마디는 톱날모양이다. 앞가슴등판은 너비가 더 넓으며, 뒤쪽으로 약간 더 넓어진다. 앞가슴등판의 뒷가운데 부분의 양옆에 짧은 세로 홈이 있다. 딱지날개는 앞가슴등판보다 넓으며, 뚜렷한 점각렬이 있다. 다리는 길다.

생태 특징
어른벌레는 4월에서 10월에 관찰된다. 어른벌레는 이른 봄부터 발견된다. 주로 죽은 나무의 구멍이나 나무속에서 발견되며 여름에 불빛에 날아오기도 한다. 썩은 나무속에서 어른벌레로 겨울을 난다.

국내 분포 전국적으로 분포한다.
국외 분포 일본, 중국, 대만, 아프카니스탄, 부탄, 네팔, 동양구에 분포한다.

보라거저리

Derosphaerus subviolaceus (Motschulsky, 1860)

형태 특징
크기 몸 길이는 15.5~16.5mm이다.
주요 형질 몸은 길쭉하고, 양옆이 다소 평행하나 뒤쪽으로 약간 넓어지고, 위아래로 볼록하다. 전체적으로 보랏빛을 띠는 검은색이며, 금속광택이 강하다. 눈은 콩팥모양이다. 더듬이는 염주모양이고 여섯째 더듬이부터 크기가 약간 커진다. 앞가슴등판은 너비와 길이가 거의 비슷하며, 뒷가장자리는 딱지날개의 앞가장자리보다 좁다. 앞다리밑마디는 넓게 떨어져 있다. 딱지날개의 세로줄은 뚜렷하다. 발목마디에 센털이 밀집해 있다.

생태 특징
어른벌레는 3월에서 9월에 관찰된다. 참나무에서 발견되며 야행성이다. 애벌레로 겨울을 난다.

국내 분포 전국적으로 분포한다.
국외 분포 일본, 러시아, 네팔에 분포한다.

모래거저리

Gonocephalum pubens (Marseul, 1876)

형태 특징
크기 몸 길이는 10~11mm이다.
주요 형질 몸은 긴 타원형이며 위아래로 볼록하고 광택은 거의 없다. 전체적으로 검은색이다. 더듬이는 염주모양으로 짧다. 앞가슴등판은 너비가 더 넓고 끝으로 갈수록 더 넓어진다. 딱지날개의 점각은 뚜렷하다.

생태 특징
어른벌레는 4월에서 10월까지 관찰된다. 강가나 바닷가의 모래지형에서 발견된다. 낮에는 모래속에 구멍을 파고 숨어있다가 밤에 나와 활동한다. 건드리면 죽은 척을 한다.

국내 분포 전국적으로 분포한다.
국외 분포 중국, 일본, 아프가니스탄에 분포한다.

강변거저리

Heterotarsus carinula Marseul, 1876

형태 특징
크기 몸 길이는 9.5~11.0mm이다.
주요 형질 몸은 긴 타원형이며 등면은 다소 볼록하다. 전체적으로 검은색이고 광택이 있다. 머리는 주름져 있다. 겹눈 사이의 거리는 겹눈의 지름보다 약 3.5배 더 넓다. 이마방패는 V자형으로 강하게 패여져 있다. 앞가슴등판은 사각형이며 앞가장자리는 넓게 오목하고 머리보다 넓다. 딱지날개는 앞가슴등판보다 넓으며 점각렬이 뚜렷하다.

생태 특징
어른벌레는 4월에서 8월까지 관찰된다. 주로 모래가 많은 강가나 개울가에서 발견된다.

국내 분포 전국적으로 분포한다.
국외 분포 중국, 일본, 대만, 동양구에 분포한다.

바닷가거저리

Idisia ornata Pascoe. 1866

형태 특징
크기 몸 길이는 약 5mm이다.
주요 형질 몸은 긴 타원형이며 위아래로 약간 볼록하고 광택이 없다. 전체적으로 흰색 비늘로 된 털로 덮여 있다. 딱지날개에 열심자 모양의 황갈색이나 흑갈색 무늬가 있다. 앞가슴등판은 둥글다. 딱지날개의 너비는 앞가슴등판보다 뚜렷이 더 넓으며 끝으로 갈수록 점점 좁아진다.

생태 특징
어른벌레는 4월에서 7월까지 관찰된다. 바닷가의 모래지형에서 발견된다. 주로 해빈과 식생 경계지점에서 관찰된다. 모래 색과 비슷하여 관찰이 쉽지 않으나 개체수는 많은 편이다.

국내 분포 전국적으로 분포한다.
국외 분포 중국, 일본, 러시아에 분포한다.

작은모래거저리

Opatrum subaratum Faldermann, 1835

형태 특징

크기 몸 길이는 8.0~10.0mm이다.

주요 형질 몸은 긴 타원형이며 등면은 다소 볼록하다. 전체적으로 검은색이며 흰빛이 도는 비늘로 덮여 있다. 머리는 작고 앞가슴등판에 의해 많이 가려져 있다. 앞가슴등판은 머리보다 뚜렷이 넓으며 앞가운데가 넓게 오목하고 양옆은 둥글며, 뒷가장자리는 각져 있다. 딱지날개의 앞가장자리는 앞가슴등판의 너비와 비슷하다.

생태 특징

어른벌레는 4월에서 10월에 관찰된다. 어른벌레는 하천변과 해안에서 흔하게 관찰된다.

국내 분포 전국적으로 분포한다.

국외 분포 일본, 중국, 러시아에 분포한다.

대왕거저리

Promethis valgipes (Marseul, 1876)

형태 특징
크기 몸 길이는 23.5~28.0mm이다.
주요 형질 몸은 길쭉하고 단단하다. 전체적으로 검은색이며 약한 광택이 있다. 머리는 좁고, 눈은 약하게 돌출되어 있다. 더듬이는 염주모양이다. 앞가슴등판은 크고 사각형이나 둔각이다. 딱지날개는 앞가슴등판보다 뚜렷이 넓으며 점각렬이 뚜렷하다. 앞다리 종아리마디의 끝에 노란색 털이 있다.

생태 특징
어른벌레는 5월에서 10월에 관찰된다. 어른벌레는 썩은 나무에서 발견되며 야행성이다.

국내 분포 남부와 제주도에 분포한다.
국외 분포 일본, 중국, 동양구에 분포한다.

극동긴맴돌이거저리

Stenophanes mesostena (Solsky, 1871)

형태 특징

크기 몸 길이는 4.0~5.3mm이다.

주요 형질 몸은 긴사각형으로 다소 볼록하다. 전체적으로 검은색이며 밝은 회갈색 털로 덮여 있다. 몸에 2줄의 갈색 무늬가 있는데 머리의 눈 사이에서 딱지날개 앞 1/3지점의 양옆까지 넓게 나타나며, 딱지날개의 어두운 줄무늬는 앞가슴등판의 가운데에서 뒤쪽으로 비스듬히 있다. 주둥이는 수컷에서 1.5배, 암컷에서 1.3배 정도 앞가장자리의 너비보다 더 길다.

생태 특징

어른벌레는 6월에서 8월에 관찰된다. 어른벌레는 썩은 나무에서 발견되며, 야행성이다.

국내 분포 북부를 제외한 전국적으로 분포한다.
국외 분포 일본, 중국, 러시아에 분포한다.

다리방아거저리

Tarpela cordicollis (Marseul, 1876)

형태 특징

크기 몸 길이는 6.0~7.0mm이다.

주요 형질 몸은 긴 호리병 모양이며, 딱지날개의 가운데에서 가장 넓고, 등면은 매우 볼록하다. 전체적으로 검은색에서 어두운 갈색이나 더듬이, 앞가슴등판의 테두리, 다리는 적갈색이며 광택이 강하다. 앞가슴등판의 앞쪽 1/3지점에서 가장 넓으며 뒤쪽으로 급격히 좁아지고 가운데 세로 홈이 있다. 딱지날개는 앞가슴등판보다 넓으며 뚜렷한 점각렬이 있다. 앞다리 넓적다리마디가 매우 부풀어 있다.

생태 특징

어른벌레는 5월에서 7월에 관찰된다. 썩은 나무에서 발견되며 야행성이다.

국내 분포 전국적으로 분포한다.
국외 분포 일본에 분포한다.

뿔우묵거저리

Uloma bonzica Marseul, 1876

형태 특징
크기 몸 길이는 8.5~11.5mm이다.
주요 형질 몸은 길쭉하며 다소 넓적하며 등쪽으로 약간 볼록하고, 양옆은 다소 평행하다. 전체적으로 어두운 갈색이며 광택이 강하다. 머리에 'Y'자 형의 뚜렷한 홈이 있다. 앞가슴등판은 머리보다 뚜렷이 넓으며 앞가운데가 오목하게 들어가 있다. 뒷가장자리는 딱지날개의 앞가장자리 너비와 비슷하다. 딱지날개에는 뚜렷한 점각렬이 있다.

생태 특징
어른벌레는 3월에서 11월에 관찰된다. 어른벌레는 썩은 나무에서 발견되며 야행성이다.

국내 분포 전국적으로 분포한다.
국외 분포 일본에 분포한다.

큰남색잎벌레붙이

Cerogria janthinipennis (Fairmaire, 1886)

형태 특징
크기 몸 길이는 14~19mm이다.
주요 형질 다른 딱정벌레 무리들과 다르게 몸이 딱딱하지 않다. 남색에서 어두운 남색이며, 가늘고 긴 털로 덮여 있다. 더듬이 마지막마디가 다른 마디에 비해 뚜렷이 길다.

생태 특징
어른벌레는 5월에서 9월까지 관찰된다. 어른벌레는 5월 초에서 중순 나무 껍질 밑이나 나무의 갈라진 틈에서 성충이 된다. 움직임이 매우 느리다.

국내 분포 제주도를 제외한 전국에 분포한다.
국외 분포 중국에 분포한다.

잎벌레붙이

Lagria nigricollis Hope, 1843

형태 특징
크기 몸 길이는 6.2~8.0mm이다.
주요 형질 몸은 긴 타원형이고 뒤쪽으로 점점 넓어진다. 머리, 앞가슴등판, 다리는 어두운 갈색이며, 딱지날개는 황갈색이다. 머리는 둥글고 다이아몬드 모양이다. 겹눈은 콩팥모양이며 가늘게 테두리져 있다. 더듬이는 실모양이고 길고 가늘다. 앞가슴등판은 거의 원통형이다. 딱지날개는 볼록하고 점각이 불규칙하며 점각렬이 없다.

생태 특징
어른벌레는 6월에서 8월에 관찰된다. 어른벌레는 조록싸리의 죽은 나무 껍질이나 썩은 부분을 먹으며 번데기로 겨울을 난다.

국내 분포 제주도를 제외한 전국에 분포한다.
국외 분포 일본, 중국, 러시아에 분포한다.

중국잎벌레붙이

Luprops orientalis (Motschulsky, 1868)

형태 특징

크기 몸 길이는 8~10mm이다.

주요 형질 몸은 길쭉하고 머리와 앞가슴등판은 좁다. 전체적으로 검은색 또는 적갈색이며 광택이 있다. 눈은 크다. 앞가슴등판의 옆가장자리는 둥글고 가운데에서 가장 넓다. 딱지날 개는 앞가슴등판보다 뚜렷이 넓으며 구멍이 많다.

생태 특징

어른벌레는 3월에서 10월에 관찰된다. 다양한 나뭇잎이나 꽃에서 발견되며 어른벌레로 겨울을 난다.

국내 분포 전국적으로 분포한다.

국외 분포 중국, 일본, 러시아, 대만, 부탄, 몽골, 네팔, 동양구에 분포한다

왕썩덩벌레

Allecula melanaria Mäklin, 1875

형태 특징
크기 몸 길이는 10.0~12.0mm이다.
주요 형질 몸은 길쭉하다. 전체적으로 검은색이나 입틀, 더듬이, 다리, 작은방패판은 적갈색이며 약한 광택이 있다. 겹눈은 크다. 더듬이는 비교적 길며, 딱지날개의 중앙에 이른다. 앞가슴등판은 길쭉한 반원형이며 뒤쪽으로 넓어지고 구멍이 많다. 딱지날개의 앞가장자리는 앞가슴등판보다 넓으며 뚜렷한 점각렬이 있다.

생태 특징
어른벌레는 5월에서 8월에 관찰된다. 어른벌레는 썩은 소나무에서 발견된다.

국내 분포 전국적으로 분포한다.
국외 분포 일본, 중국에 분포한다.

밤빛사촌석덩벌레

Borboresthes cruralis (Marseul, 1876)

형태 특징
크기 몸 길이는 7.5~8.5mm이다.

주요 형질 몸은 긴 알모양으로 등면으로 볼록하다. 전체적으로 노란색에서 황갈색이다. 눈은 매우 크고 돌출되어 있다. 더듬이는 비교적 길고 딱지날개의 중앙에 이른다. 앞가슴등판은 앞쪽으로 볼록하고 뒤쪽으로 점점 넓어진다. 앞가슴등판의 뒷가장자리는 딱지날개 앞가장자리의 너비와 비슷하다. 딱지날개에는 뚜렷한 점각렬이 있다.

생태 특징
어른벌레는 4월에서 8월에 관찰된다. 생태는 잘 알려지지 않았다.

국내 분포 제주도를 제외한 전국에 분포한다.
국외 분포 일본에 분포한다.

녹색하늘소붙이

Chrysanthia integricollis Heyden, 1886

형태 특징
크기 몸 길이는 5.8~7.6mm이다.
주요 형질 몸은 가늘고 길다. 전체적으로 녹색에서 청색을 띤다. 머리는 앞가슴등판보다 뚜렷이 짧으며 더듬이는 길어 딱지날개의 중간에 이른다. 앞가슴등판은 원통형이며 길쭉하고 머리의 너비와 비슷하나 딱지날개보다는 뚜렷이 좁다. 딱지날개에는 세로 선이 뚜렷이 있으며 끝으로 좁아진다. 다리는 길다.

생태 특징
어른벌레는 6월에서 7월에 관찰된다. 어른벌레는 꽃에서 발견된다.

국내 분포 전국적으로 분포한다.
국외 분포 일본, 러시아에 분포한다.

알통다리하늘소붙이

Oedemera lucidicollis Motschulsky, 1866

형태 특징

크기 몸 길이는 8~12mm이다.

주요 형질 몸은 길쭉하고 원통형이며 광택이 있다. 머리와 딱지날개는 어두운 청색이며 앞가슴등판은 붉은색이다. 앞가슴등판은 원통형이고 딱지날개는 뒤쪽으로 점점 좁아진다. 수컷 뒷다리 넓적다리마디가 크게 부풀어 있다.

생태 특징

어른벌레는 4월에서 6월까지 관찰된다. 어른벌레는 주로 이른 봄에 양지꽃, 민들레 등의 꽃 가루를 먹는다.

국내 분포 전국적으로 분포한다.

국외 분포 일본, 러시아에 분포한다.

큰노랑하늘소붙이

Xanthochroa hilleri Harold, 1878

형태 특징
크기 몸 길이는 12~16mm이다.
주요 형질 몸은 길쭉하고 가늘다. 전체적으로 주황색에서 황갈색이며 머리와 앞가슴등판은 황갈색 또는 황적색이다. 눈과 첫째에서 넷째 더듬이마디, 넓적다리마디의 일부와 종아리마디, 발목마디는 검은색이다. 눈은 매우 크고 돌출되어 있다. 앞가슴등판은 원통형이다.

생태 특징
어른벌레는 6월에서 8월에 관찰된다. 밤에 불빛에 날아오기도 한다.

국내 분포 전국적으로 분포한다.
국외 분포 일본, 러시아에 분포한다.

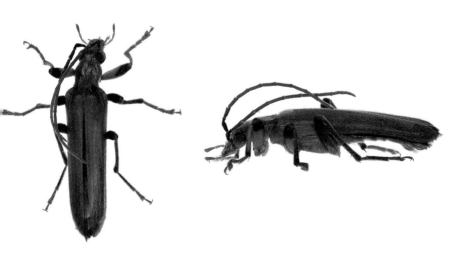

노랑하늘소붙이

Xanthochroa luteipennis Marseul, 1876

형태 특징
크기 몸 길이는 9~13mm이다.
주요 형질 몸은 길쭉하고 가늘다. 전체적으로 머리와 앞가슴등판, 더듬이, 다리는 검은색이고 딱지날개는 황갈색이며 광택이 있다. 눈은 크고 돌출되어 있다. 앞가슴등판은 딱지날개보다 뚜렷이 좁다. 딱지날개에 점각이 뚜렷하지 않다.

생태 특징
어른벌레는 6월에서 9월에 관찰된다. 활엽수림의 여러 꽃에서 발견되며, 밤에 불빛에 날아오기도 한다.

국내 분포 전국적으로 분포한다.
국외 분포 중국, 일본, 러시아에 분포한다.

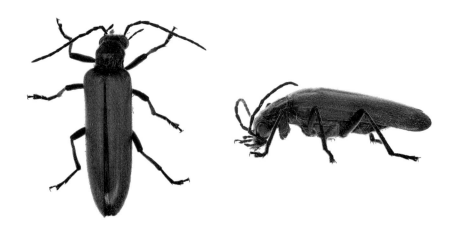

청색하늘소붙이

Xanthochroa waterhousei Harold, 1875

형태 특징

크기 몸 길이는 11~15mm이다.

주요 형질 몸은 길쭉하고 가늘다. 전체적으로 주황색이나 딱지날개는 녹색 또는 푸른빛을 띠는 녹색이다. 눈은 검은색이며 매우 크고 돌출되어 있다. 앞가슴등판은 원통형이다. 딱지날개에는 세 개의 긴 세로줄이 있다. 종아리마디와 발목마디는 검은색이다.

생태 특징

어른벌레는 6월에서 8월에 관찰된다. 밤에 불빛에 날아오기도 한다.

국내 분포 전국적으로 분포한다.

국외 분포 중국, 일본, 러시아에 분포한다.

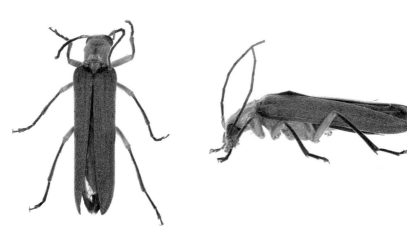

먹가뢰

Epicauta chinensis (Laporte, 1840)

형태 특징
크기 몸 길이는 14~20mm이다.
주요 형질 몸은 길쭉하고 딱지날개의 끝에서 가장 넓다. 전체적으로 검은색이나 머리의 뒷가장자리에 붉은 무늬가 있다. 머리는 뒤쪽으로 넓어진다. 머리의 너비는 앞가슴등판보다 넓다. 앞가슴등판의 뒷가운데에 홈이 있다. 딱지날개는 약간 짧아 배가 드러난다. 셋째에서 여섯째 수컷 더듬이는 톱니처럼 보이게 변해있다.

생태 특징
어른벌레는 5월에서 6월에 관찰된다. 고삼, 갈퀴나물과 같은 콩과 식물의 꽃과 열매에서 발견된다. 애벌레는 메뚜기류의 알을 먹는 것으로 알려져 있다.

국내 분포 전국적으로 분포한다.
국외 분포 중국, 일본, 대만에 분포한다.

황머리털홍날개

Pseudopyrochroa laticollis (Lewis, 1887)

형태 특징
크기 몸 길이는 8~12mm이다.
주요 형질 몸은 길쭉하고 딱지날개는 다소 넓적하며 위아래로 납작하다. 전체적으로 검은 색이며 딱지날개는 붉은색이다. 머리는 둥글고, 앞가슴등판은 뒤쪽으로 넓어진다. 딱지날개는 뒤쪽으로 약간 더 넓어진다. 겹눈과 더듬이사이에 황백색의 긴털이 있다.

생태 특징
어른벌레는 6월에서 8월에 관찰된다. 애벌레는 썩은 나무에서 발견된다.

국내 분포 전국적으로 분포한다.
국외 분포 일본에 분포한다.

홍날개

Pseudopyrochroa rufula (Motschulsky, 1866)

형태 특징
크기 몸 길이는 7~10mm이다.
주요 형질 몸은 길고, 위아래가 다소 편평하다. 머리와 더듬이, 다리는 검은색이나 머리 가운데에 둥근 붉은색 무늬가 있으며, 앞가슴등판과 딱지날개는 광택이 있는 붉은색이다. 눈은 돌출되어 있으며, 더듬이 삽입점은 숨겨져 있다. 더듬이는 톱니모양이다. 앞가슴등판의 너비는 딱지날개의 앞가장자리보다 뚜렷이 좁다. 앞가슴등판에 홈들이 있다. 딱지날개에 긴 세로융기선이 있으며, 뒤쪽으로 넓어진다.

생태 특징
어른벌레는 3월에서 5월에 관찰된다. 어른벌레는 이른 봄부터 발견된다. 수컷이 남가뢰류를 공격해 칸타리딘을 얻어 이를 이용하여 암컷에 구애를 하고, 암컷이 낳은 알에 칸타리딘이 포함되어 있어 적으로부터 보호한다.

국내 분포 북부와 중부지역에 분포한다.
국외 분포 일본, 러시아에 분포한다.

썩덩벌레붙이

Elacatis kraatzi Reitter, 1879

형태 특징
크기 몸 길이는 4~7mm이다.
주요 형질 몸은 긴 타원형이고 양옆이 평행하다. 전체적으로 검은색에서 어두운 갈색이며, 다리는 황갈색, 첫째에서 여덟째 더듬이마디는 황갈색에서 적갈색이다. 딱지날개에 지그재그 모양의 황갈색 가로 줄무늬가 있다. 더듬이 마지막 3마디는 곤봉형이다. 눈은 크고 양옆으로 돌출되어 있다. 앞가슴등판의 너비는 머리보다 뚜렷이 더 넓으며, 뒤쪽으로 넓어진다. 앞가슴등판의 양옆에 7쌍의 돌기가 있다.

생태 특징
어른벌레는 4월에서 5월에 관찰된다. 썩은 나무에서 발견되며 수액에도 모여든다. 말벌트랩에서 많은 개체수가 채집되기도 한다.

국내 분포 중부와 남부지역에 분포한다.
국외 분포 일본, 러시아에 분포한다.

Elacatis ocularis (Lewis, 1891)

국명미정

형태 특징
크기 몸 길이는 2.7~4.8mm이다.

주요 형질 몸은 길고, 양옆이 다소 평행하다. 전체적으로 어두운 갈색이나 등면의 무늬는 황갈색이다. 더듬이는 짧고 앞가슴등판의 끝까지 이르지 못한다. 여덟째 더듬이마디는 너비가 뚜렷이 더 넓지 않다. 눈은 크고 돌출되어 있다. 앞가슴등판은 머리보다 약간 더 넓으며 옆면이 톱니 모양이다. 딱지날개의 앞가장자리는 앞가슴등판의 뒷가장자리보다 약간 더 넓거나 비슷하며, 뒤쪽으로 점점 좁아진다.

생태 특징
어른벌레는 4월에서 6월에 관찰된다. 어른벌레는 나무의 표면을 기어다니거나 껍질 밑에서 관찰된다.

국내 분포 전국적으로 분포한다.
국외 분포 일본에 분포한다.

엑스무늬개미뿔벌레

Anthelephila imperatrix LaFerté-Sénectère, 1849

형태 특징

크기 몸 길이는 약 4mm이다.

주요 형질 몸은 길쭉하고, 목과 앞가슴등판의 뒷가장자리는 잘록하다. 배는 볼록하고 둥글어 전체적으로 개미와 유사하다. 전체적으로 갈색에서 적갈색이며 머리는 어두운 갈색이고, 딱지날개의 가운데에 흰색의 가로 띠무늬가 있다.

생태 특징

어른벌레는 4월에서 6월에 관찰된다. 어른벌레는 나무에서 발견된다.

국내 분포 전국적으로 분포한다.

국외 분포 중국, 일본, 대만, 러시아, 네팔, 파키스탄, 동양구에 분포한다.

검은좀뿔벌레

Anthicomorphus niponicus Lewis, 1895

형태 특징

크기 몸 길이는 3.1~4.0mm이다.

주요 형질 몸은 길쭉하고, 머리와 앞가슴등판은 둥글며 목이 뚜렷하다. 전체적으로 어두운 갈색에서 검은색이며 더듬이는 갈색, 다리는 황갈색이다. 딱지날개에 붉은 무늬가 있다. 몸 전체에 털과 구멍이 촘촘히 있다. 더듬이삽입점은 일부 드러나 있으며 눈은 크고 뚜렷하다. 더듬이는 앞가슴등판의 뒷가장자리를 좀 넘는다. 앞가슴등판은 둥글고 중간에서 가장 넓다.

생태 특징

어른벌레는 4에서 5월에 관찰된다. 어른벌레는 낮에 풀밭이나 나뭇잎에서 관찰된다.

국내 분포 중부와 남부지역에 분포한다.

국외 분포 일본, 중국에 분포한다.

Cordicollis baicalicus Mulsant & Rey, 1886

국명미정

형태 특징

크기 몸 길이는 2.7~3.5mm이다.

주요 형질 몸은 길쭉하고, 머리와 앞가슴등판은 둥글며 목이 뚜렷하다. 전체적으로 어두운 갈색에서 검은색이며 더듬이는 갈색이나 마지막 4마디는 어두운 갈색이다. 넓적다리마디는 검은색이고 종아리마디와 발목마디는 갈색이다. 딱지날개의 앞가장자리 부근에 갈색 무늬가 있다. 앞가슴등판은 앞쪽에서 가장 넓고 뒤쪽으로 점점 좁아진다.

생태 특징

어른벌레는 3월에서 10월에 관찰된다. 어른벌레는 낮에 짧은 풀이나 땅에서 관찰된다. 밤에 불빛에 날아오기도 한다.

국내 분포 제주도를 제외한 전국에 분포한다.

국외 분포 일본, 중국, 러시아, 몽골에 분포한다.

삼각뿔벌레

Mecynotarsus tenuipes Champion, 1891

형태 특징
크기 몸 길이는 2.5~3.2mm이다.
주요 형질 몸은 길쭉하다. 전체적으로 갈색에서 밝은 갈색이나 딱지날개에 짙은 갈색의 십자 모양 무늬가 있다. 머리의 뒷가장자리 모서리에 2개의 톱니가 있다. 앞가슴등판을 가운데에 뿔 형태의 긴 돌기가 있으며 돌기의 앞쪽 테두리는 톱날모양이다. 딱지날개의 갈색 무늬는 세로무늬가 가로무늬보다 더 좁다.

생태 특징
어른벌레는 4월에서 8월에 관찰된다. 잘 알려지지 않았다.

국내 분포 중부와 남부지역에 분포한다.
국외 분포 일본, 중국, 러시아에 분포한다.

Notoxus haagi Marseul, 1879

국명미정

형태 특징

크기 몸 길이는 7.5~9.0mm이다.

주요 형질 몸은 길쭉하다. 전체적으로 갈색에서 적갈색이나 눈, 앞가슴등판 뿔의 앞테두리는 검은색이며, 각 딱지날개의 중앙에 검은색의 긴 세로 띠무늬가 있다. 더듬이는 비교적 길어 딱지날개의 앞 1/3지점에 이른다. 눈은 크고 돌출되어 있다. 앞가슴등판은 둥글고 긴뿔이 머리쪽으로 솟아 있다. 작은방패판은 매우 작다. 딱지날개의 앞가장자리는 앞가슴등판보다 뚜렷이 넓다.

생태 특징

어른벌레는 6월에서 9월에 관찰된다. 어른벌레는 낮에 버드나무 잎에서도 관찰된 기록이 있으며, 밤에 불빛에 날아오기도 한다.

국내 분포 전국적으로 분포한다.
국외 분포 일본, 러시아에 분포한다.

검은무늬뿔벌레

Notoxus monoceros (Linnaeus, 1760)

형태 특징
크기 몸 길이는 4.5~5.3mm이다.

주요 형질 몸은 길쭉하다. 전체적으로 갈색에서 적갈색이나 앞가슴등판 뿔의 앞 테두리는 검은색이다. 더듬이는 비교적 길어 딱지날개의 앞 1/3지점에 이른다. 눈은 크고 돌출되어 있다. 앞가슴등판은 둥글고 긴뿔이 머리쪽으로 솟아 있다. 작은방패판은 매우 작다. 딱지날개의 앞 가장자리는 앞가슴등판보다 뚜렷이 넓다.

생태 특징
어른벌레는 6월에서 9월에 관찰된다. 어른벌레는 밤에 불빛에 날아오기도 한다.

국내 분포 북부와 중부지역에 분포한다.

국외 분포 중국, 러시아, 우크라이나, 유럽에 분포한다.

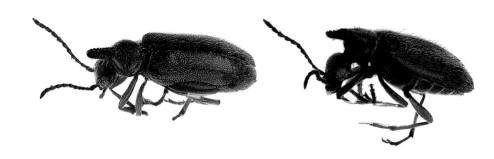

희시무르뿔벌레

Omonadus confucii (Marseul, 1876)

형태 특징
크기 몸 길이는 4.0~5.2mm이다.
주요 형질 몸은 길쭉하다. 머리는 어두운 갈색에서 검은색이고, 앞가슴등판은 갈색에서
적갈색, 딱지닐개는 어두운 갈색 바탕에 4개의 둥근 밝은 갈색무늬가 있다. 눈은 보통 크기이고
돌출되지 않았다. 목이 뚜렷하며 앞가슴등판은 앞가장자리에서 가장 넓다. 딱지날개는 앞가
슴등판보다 뚜렷이 넓다.

생태 특징
어른벌레는 3월에서 10월에 관찰된다. 어른벌레는 밤에 불빛에 날아오기도 한다.

국내 분포 전국적으로 분포한다.
국외 분포 일본, 중국, 러시아, 태국, 사우디아라비아, 동양구에 분포한다.

작은가슴뿔벌레

Stricticollis coreanus (Pic, 1938)

형태 특징
크기 몸 길이는 3.0~3.4mm이다.

주요 형질 몸은 길쭉하다. 전체적으로 어두운 갈색에서 검은색이나 딱지날개의 어두운 갈색의 둥근 점 무늬가 4개 있다. 넓적다리마디의 기부는 적갈색이다. 머리는 둥글고 눈은 돌출되어 있으며, 더듬이는 비교적 길어 딱지날개의 앞 가장자리에 이른다. 앞가슴등판은 오각형이고 앞쪽 1/3지점에서 가장 넓으며 뿔이 없다. 작은방패판은 매우 작다. 딱지날개의 앞가장자리는 앞가슴등판보다 뚜렷이 넓다.

생태 특징
어른벌레는 6월에서 9월에 관찰된다. 어른벌레는 밤에 불빛에 날아오기도 한다.

국내 분포 중부지역에 분포한다.
국외 분포 일본, 러시아에 분포한다.

무늬뿔벌레

Stricticomus valgipes (Marseul, 1875)

형태 특징
크기 몸 길이는 2.5~3.5mm이다.
주요 형질 머리는 둥글고, 앞가슴등판의 앞쪽은 매우 좁으며 앞 1/3에서 가장 넓고 뒤쪽으로 완만히 좁아진다. 딱지날개는 긴 알모양이다. 전체적으로 개미의 모습과 닮았다. 머리와 딱지날개는 검은색이며, 앞가슴등판은 붉은색이고 딱지날개에 붉은색 띠무늬가 있으며 점각이 뚜렷하다.

생태 특징
어른벌레는 1월에서 12월까지 관찰된다. 양지바른 곳의 흙이나 볏짚 등에서 발견된다.

국내 분포 전국적으로 분포한다.
국외 분포 중국, 러시아에 분포한다.

목대장

Cephaloon pallens (Motschulsky, 1860)

형태 특징

크기 몸 길이는 12~14mm이다.

주요 형질 몸은 가늘고 길며 머리가 작고 광택이 있다. 색 변이가 개체에 따라 다양하나 주로 밝은 갈색에서 검은색을 띤다. 앞가슴등판은 삼각형으로 뒤쪽으로 갈수록 넓어지며 뒷가장자리 모서리는 각져있다. 딱지날개의 앞가장자리에서 가장 넓고 뒤쪽으로 갈수록 좁아진다.

생태 특징

어른벌레는 5월에서 6월까지 관찰된다. 낮에 꽃이나 풀잎에서 발견되며 밤에 불빛에도 날아온다.

국내 분포 북부와 중부지역에 분포한다.
국외 분포 중국, 일본, 러시아에 분포한다.

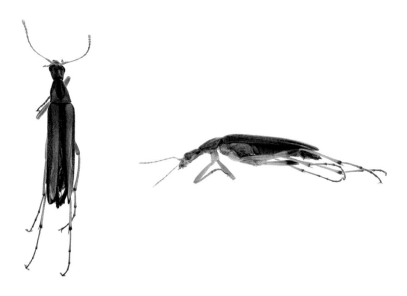

깔따구하늘소

Distenia gracilis (Blessig, 1872)

형태 특징
크기 몸 길이는 17~34mm이다.
주요 형질 몸은 가늘고 길며, 배 끝으로 갈수록 좁아진다. 전체적으로 노란색 털로 덮여 있으며, 황록색에서 갈색을 띤다. 더듬이는 암수 모두에서 몸 길이보다 뚜렷이 길며, 넷째마디부터 긴 털이 드문드문 있다. 앞가슴등판의 양옆으로 뾰족한 돌기가 있다. 딱지날개의 점각은 뚜렷하다.

생태 특징
어른벌레는 6월에서 10월까지 관찰된다. 활엽수의 고사목에서 관찰되며, 불빛에 잘 날아온다.

국내 분포 전국적으로 분포한다.
국외 분포 중국, 일본, 러시아에 분포한다.

버들하늘소

Megopis sinica (White, 1853)

형태 특징
크기 몸 길이는 32~60mm이다.
주요 형질 몸은 크고 넓적하며, 딱지날개의 앞가장자리에서 가장 넓다. 전체적으로 갈색에서 어두운 갈색이다. 큰턱은 크고 두껍다. 더듬이는 수컷은 몸길이와 비슷하거나 약간 짧고, 암컷은 몸길이보다 뚜렷이 짧다. 앞가슴등판은 뒤쪽으로 점점 넓어진다. 딱지날개에 뚜렷한 세로 융기선이 있다. 암컷은 산란관이 배끝에 나와 있는 모습을 흔히 볼수 있다.

생태 특징
어른벌레는 6월에서 8월까지 관찰된다. 참나무류에서 발견되는 대형 하늘소로 밤에 수액에서 관찰된다. 불빛에 날아오기도 한다.

국내 분포 전국적으로 분포한다.
국외 분포 중국, 러시아, 대만, 동양구에 분포한다.

톱하늘소

Prionus insularis Motschulsky, 1857

형태 특징

크기 몸 길이는 18~48mm이다.

주요 형질 몸은 크고 넓적하며 광택이 강하다. 전체적으로 검은색 또는 갈색이다. 더듬이는 12마디이며 수컷이 더 두껍고 뚜렷이 톱날모양이다. 앞가슴등판의 양옆으로 뾰족한 돌기들이 톱날모양으로 있다. 딱지날개는 앞가슴등판의 너비보다 넓으며 끝이 뭉툭하다.

생태 특징

어른벌레는 6월에서 9월까지 관찰된다. 어른벌레는 활엽수에서 관찰되며 개체수가 많아 쉽게 발견된다. 밤에 수액을 먹으며 불빛에 날아온다.

국내 분포 전국적으로 분포한다.
국외 분포 중국, 러시아, 몽골에 분포한다.

반날개하늘소

Psephactus remiger Harold, 1879

형태 특징

크기 몸 길이는 12~30mm이다.

주요 형질 몸은 크고 넓으며, 딱지날개의 앞가장자리에서 가장 넓다. 수컷은 암컷에 비해 뚜렷이 작고 더듬이와 딱지날개가 갈색이며, 암컷은 크고 전체적으로 검은색이다. 더듬이는 수컷은 몸길이보다 약간 짧으며, 암컷은 배마디의 중간에 이른다. 앞가슴등판에 한쌍의 뾰족한 돌기가 있다. 딱지날개가 짧아 배의 절반을 덮는다.

생태 특징

어른벌레는 6월에서 8월까지 관찰된다. 서어나무, 팽나무 등의 활엽수에서 발견된다. 주로 한낮보다는 늦은 오후에 발견되며 활엽수 고사목에서 보인다.

국내 분포 전국적으로 분포한다.
국외 분포 일본에 분포한다.

수검은산꽃하늘소

Anastrangalia scotodes (Bates, 1873)

형태 특징

크기 몸 길이는 7~14mm이다.

주요 형질 몸은 길쭉하고 광택이 약간 있으며, 털로 덮여있다. 딱지날개의 앞가장자리에서 가장 넓고 뒤쪽으로 좁아진다. 수컷은 검은색이고 암컷은 전체적으로 검은색이며 딱지날개는 빨간색이다. 더듬이는 암수 모두에서 몸길이보다 뚜렷이 짧다. 앞가슴등판은 육각형으로 뒷가장자리가 더 넓다. 딱지날개의 끝은 뭉툭하다.

생태 특징

어른벌레는 5월에서 7월까지 관찰된다. 어른벌레는 전국의 꽃에서 쉽게 발견된다. 암컷은 침엽수 고사목에 알을 낳는다.

국내 분포 전국적으로 분포한다.
국외 분포 중국, 일본에 분포한다.

옆검은산꽃하늘소

Anastrangalia sequensi (Reitter, 1898)

형태 특징
크기 몸 길이는 8~13mm이다.
주요 형질 몸은 길쭉하고 광택이 거의 없으며 털로 덮여있다. 딱지날개의 앞가장자리에서 가장 넓고 뒤쪽으로 좁아진다. 전체적으로 갈색이나 밝은갈색, 어두운 갈색을 띠며, 딱지날개의 옆가장자리는 검은색이다. 더듬이는 암수 모두에서 몸길이보다 뚜렷이 짧다. 앞가슴등판은 육각형으로 뒷가장자리가 더 넓다. 딱지날개의 끝은 뭉툭하다.

생태 특징
어른벌레는 5월에서 6월까지 관찰된다. 다양한 꽃에서 흔하게 발견된다. 암컷은 침엽수 고사목에 알을 낳는다.

국내 분포 전국적으로 분포한다.
국외 분포 중국, 일본, 러시아, 카자흐스탄, 몽골에 분포한다.

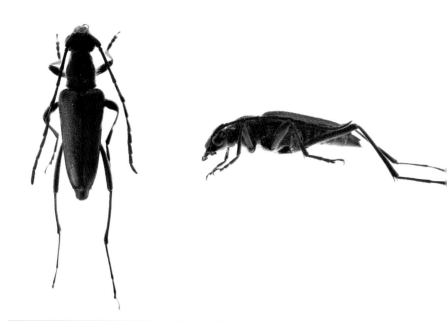

작은청동하늘소

Carilia virginea (Linnaeus, 1758)

형태 특징

크기 몸 길이는 6~8mm이다.

주요 형질 몸은 짧고 넓으며 딱지날개의 앞가장자리에서 가장 넓다. 머리, 더듬이, 다리는 검은색이며 앞가슴등판은 검은색 또는 붉은색이다. 딱지날개는 검은색, 청록색, 청색 등 개체에 따라 다양하며 광택이 강하다. 더듬이는 수컷은 몸길이보다 약간 짧으며, 암컷은 몸길이의 절반정도이다. 앞가슴등판은 육각형이며 뒷가장자리가 더 넓다. 딱지날개는 끝으로 갈수록 약간 좁아지며 끝은 둥글다.

생태 특징

어른벌레는 5월에서 7월까지 관찰된다. 쥐똥나무, 층층나무, 신나무 등의 꽃에서 발견되며 개체수가 많다. 암컷은 단풍나무, 층층나무 등에 알을 낳는다.

국내 분포 전국적으로 분포한다.
국외 분포 유럽에 분포한다.

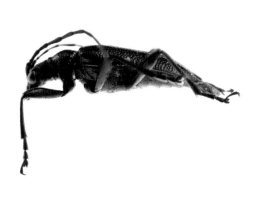

붉은산꽃하늘소

Corymbia rubra (Linnaeus, 1758)

형태 특징
크기 몸 길이는 12~22mm이다.

주요 형질 몸은 다소 두껍고 앞쪽과 뒤쪽으로 좁아지며, 광택이 있다. 몸은 전체적으로 붉은색이며 머리, 더듬이, 넓적다리마디는 검은색이고 종아리마디는 밝은 갈색이다. 더듬이는 톱날모양이며, 수컷은 딱지날개의 끝에 조금 못 미치고 암컷은 딱지날개의 중간을 조금 넘는다. 앞가슴등판의 뒤쪽으로 넓어진다. 딱지날개의 끝은 오목하다.

생태 특징
어른벌레는 6월에서 8월까지 관찰된다. 한낮에 다양한 꽃에서 쉽게 발견된다. 암컷은 침엽수에 알을 낳는다. 애벌레로 겨울은 난다.

국내 분포 전국적으로 분포한다.
국외 분포 러시아, 카자흐스탄, 유럽에 분포한다.

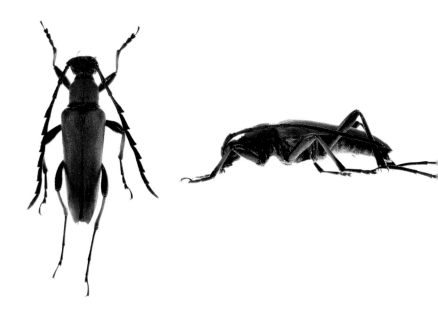

알락수염붉은산꽃하늘소

Corymbia variicornis (Dalman, 1817)

형태 특징
크기 몸 길이는 15~22mm이다.

주요 형질 몸은 다소 두껍고 약한 광택이 있다. 머리, 앞가슴등판, 다리는 검은색이고 딱지날개는 갈색에서 붉은색이며, 넷째, 다섯째, 여섯째, 여덟째 더듬이마디의 기부는 밝은 갈색이다. 더듬이의 길이는 암수 모두에서 몸길이를 넘지 않는다. 딱지날개의 끝은 뭉툭하다.

생태 특징
어른벌레는 7월에서 8월까지 관찰된다. 고산지대에서 발견되며 흰꽃에 모인다.

국내 분포 강원도에 분포한다.

국외 분포 러시아, 몽골, 카자흐스탄, 폴란드, 우크라이나에 분포한다.

남풀색하늘소

Dinoptera minuta (Gebler, 1832)

형태 특징
크기 몸 길이는 5~8mm이다.

주요 형질 몸은 짧고 넓적하며, 광택이 있다. 머리와 앞가슴등판 다리는 검은색이고 딱지날개는 군청색에서 녹색이다. 더듬이는 암수 모두에서 몸길이보다 뚜렷이 짧다. 앞가슴등판은 뒤쪽으로 약간 넓어진다. 딱지날개는 앞가슴등판보다 뚜렷이 넓고 양옆이 거의 평행하며, 끝이 둥글다. 다리는 비교적 가늘다.

생태 특징
어른벌레는 5월에서 7월까지 관찰된다. 한낮에 흰색 꽃에서 발견되며, 쥐똥나무 꽃에서 많이 보인다.

국내 분포 전국적으로 분포한다.
국외 분포 중국, 일본, 러시아에 분포한다.

청동하늘소

Gaurotes ussuriensis Blessig, 1873

형태 특징

크기 몸 길이는 9~13mm이다.

주요 형질 몸은 다소 넓적하고 광택이 있으며 딱지날개의 앞가장자리에서 가장 넓다. 전체적으로 검은색에서 청동색을 띠며 딱지날개는 금속 광택이 있는 청록색이고 넓적다리마디의 기부는 붉은색이다. 더듬이의 길이는 암수 모두에서 몸길이의 절반정도 이다. 앞가슴등판은 오각형으로 뒤쪽으로 넓어진다. 딱지날개의 너비는 앞가슴등판의 2배 가량이며 끝이 둥글다.

생태 특징

어른벌레는 5월에서 7월까지 관찰된다. 어른벌레는 한낮에 꽃에서 발견되며 고사목이나 벌채목에서도 발견된다.

국내 분포 전국적으로 분포한다.

국외 분포 중국, 러시아에 분포한다.

꽃하늘소

Leptura aethiops Poda von Neuhaus, 1761

형태 특징
크기 몸 길이는 12~18mm이다.
주요 형질 몸은 길고, 딱지날개의 앞쪽에서 가장 넓으며, 약한 광택이 있다. 몸은 전체적으로 검은색이며, 딱지날개는 검은색 또는 갈색이다. 더듬이 길이는 암수 모두에서 몸길이를 넘지 않는다. 앞가슴등판은 뒤쪽으로 점점 넓어진다. 딱지날개는 뒤쪽으로 약간 좁아지며 끝이 뭉툭하고 돌기가 있다.

생태 특징
어른벌레는 5월에서 8월까지 관찰된다. 개체수가 많아 흔히 관찰된다. 다양한 꽃에서 먹이를 먹는 모습을 볼 수 있으며, 특히 찔레꽃에서 많이 발견된다. 암컷은 침엽수나 활엽수의 둥치에 알을 낳는다.

국내 분포 전국적으로 분포한다.
국외 분포 중국, 일본, 러시아, 카자흐스탄, 유럽에 분포한다.

긴알락꽃하늘소

Leptura arcuata Panzer, 1793

형태 특징

크기 몸 길이는 12~18mm이다.

주요 형질 몸은 길다. 전체적으로 검은색이며, 머리와 앞가슴등판에 노란색의 털이 촘촘하고, 딱지날개에 4쌍의 노란 무늬가 뚜렷하다. 개체에 따라 무늬의 크기가 다양하다. 딱지날개의 앞쪽에서 가장 넓으며, 딱지날개의 끝은 뭉툭하다. 다리는 검은색에서 밝은 갈색이다.

생태 특징

어른벌레는 5월에서 8월까지 관찰된다. 주로 꽃에서 많이 관찰되며, 활엽수의 고사목에서도 관찰된다. 암컷은 고사목에 알을 낳으며, 애벌레로 겨울을 난다.

국내 분포 전국적으로 분포한다.

국외 분포 중국, 러시아, 몽골, 카자흐스탄에 분포한다.

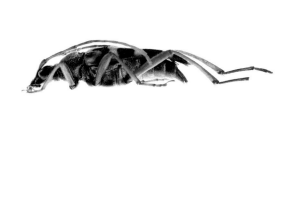

열두점박이꽃하늘소

Leptura duodecimguttata Fabricius, 1801

형태 특징

크기 몸 길이는 11~15mm이다.

주요 형질 몸은 길쭉하고 비교적 가늘며, 딱지날개의 앞가장자리에서 가장 넓고 광택이 있다. 전체적으로 검은색이며 딱지날개에 회백색 또는 노란색 점무늬가 있으나 개체에 따라 무늬변이가 다양하다. 더듬이의 길이는 암수 모두에서 몸길이보다 뚜렷이 짧다. 앞가슴등판은 오각형으로 뒤쪽으로 넓어진다.

생태 특징

어른벌레는 4월에서 8월까지 관찰된다. 봄부터 여름까지 산길의 꽃에서 흔히 관찰된다. 암컷은 활엽수에 알을 낳는다.

국내 분포 전국적으로 분포한다.
국외 분포 중국, 일본, 러시아, 카자흐스탄, 몽골에 분포한다.

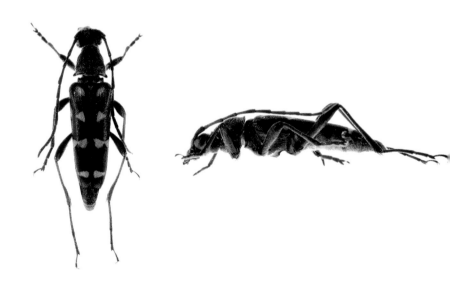

알통다리꽃하늘소

Oedecnema gebleri Ganglbauer, 1889

형태 특징

크기 몸 길이는 11~17mm이다.

주요 형질 몸은 길쭉하고 딱지날개의 앞가장자리에서 가장 넓으며 광택이 있다. 머리, 앞가슴등판, 더듬이, 다리는 검은색이고 딱지날개는 붉은색이다. 더듬이의 길이는 수컷은 몸길이와 비슷하고, 암컷은 몸길이보다 뚜렷이 짧다. 앞가슴등판은 오각형으로 뒤쪽으로 넓어진다. 딱지날개에 5쌍의 검은 점무늬가 있다. 뒷다리 넓적다리마디가 두껍게 부풀어 있다.

생태 특징

어른벌레는 5월에서 7월까지 관찰된다. 봄에 산길의 꽃에서 흔히 관찰된다. 암컷은 나무의 고사목에 알을 낳는다.

국내 분포 전국적으로 분포한다.
국외 분포 중국, 일본, 러시아, 카자흐스탄, 몽골, 우크라이나에 분포한다.

홍가슴각시하늘소

Pidonia alticollis (Kraatz, 1879)

형태 특징

크기 몸 길이는 6~10mm이다.

주요 형질 몸은 길쭉하고 약간 광택이 있으며 딱지날개의 앞가장자리에서 뚜렷이 넓다. 전체적으로 검은색이나 앞가슴등판이 붉은색을 띤다. 개체에 따라 색과 무늬의 변이가 많다. 더듬이의 길이는 암수 모두에서 몸길이와 비슷하거나 더 길다. 앞가슴등판은 오각형으로 뒤쪽으로 넓어진다. 딱지날개는 앞가슴등판보다 뚜렷이 넓고 끝은 둥글다.

생태 특징

어른벌레는 5월에서 7월까지 관찰된다. 어른벌레는 다양한 꽃에서 관찰된다.

국내 분포 중부와 남부지역에 분포한다.

국외 분포 중국, 러시아에 분포한다.

산각시하늘소

Pidonia amurensis (Pic, 1900)

형태 특징
크기 몸 길이는 8~10mm이다.
주요 형질 몸은 길고 광택이 있으며, 딱지날개의 앞가장자리에서 가장 넓다. 머리와 앞가슴
등판, 딱지날개는 검은색이고 딱지날개에 노란색 세로 줄무늬와 2개의 점무늬가 있으며, 더듬
이와 다리는 노란색이다. 더듬이의 길이는 수컷에서 몸길이보다 약간 더 길고, 암컷에서 몸
길이와 비슷하다. 앞가슴등판은 오각형이다.

생태 특징
어른벌레는 5월에서 6월까지 관찰된다. 산지의 등산로 등에서 쉽게 관찰되며, 개체수가 많
다. 개체에 따른 무늬변이가 많다.

국내 분포 전국적으로 분포한다.
국외 분포 중국, 일본, 러시아에 분포한다.

노랑각시하늘소
Pidonia debilis (Kraatz, 1879)

형태 특징
크기 몸 길이는 6~9mm이다.
주요 형질 몸은 길쭉하고 광택이 있으며, 딱지날개의 앞가장자리에서 가장 넓다. 전체적으로
노란색에서 황갈색이다. 뒷다리 넓적다리마디, 종아리마디, 발목마디의 끝은 검은색이다. 더
듬이는 수컷은 몸길이보다 뚜렷이 길고, 암컷은 몸길이와 비슷하다.

생태 특징
어른벌레는 5월에서 6월까지 관찰된다. 주로 낮에 꽃에서 발견되며 개체수가 많다.

국내 분포 전국적으로 분포한다.
국외 분포 중국, 일본, 러시아, 대만에 분포한다.

넉점각시하늘소

Pidonia puziloi (Solsky, 1873)

형태 특징

크기 몸 길이는 4~8mm이다.

주요 형질 몸은 길쭉하며, 약한 광택이 있다. 머리와 앞가슴등판은 검은색이고 딱지날개는 검은 바탕에 기부에서 딱지날개 봉합선은 갈색이고 노란 무늬가 2쌍 있다. 더듬이와 다리는 밝은 갈색이며, 더듬이의 끝과 넓적다리마디는 검은색이다. 앞가슴등판은 뒤쪽으로 점점 넓어진다. 딱지날개의 양옆은 평행하고 끝은 둥글다.

생태 특징

어른벌레는 4월에서 7월까지 관찰된다. 전국의 활엽수림에 넓게 분포하며, 개체수가 매우 많다. 어른벌레는 산의 다양한 꽃에 모인다.

국내 분포 전국적으로 분포한다.

국외 분포 중국, 일본, 러시아, 몽골에 분포한다.

산줄각시하늘소

Pidonia similis (Kraatz, 1879)

형태 특징
크기 몸 길이는 11~14mm이다.
주요 형질 몸은 길고 광택이 있으며, 딱지날개의 앞가장자리에서 가장 넓다. 전체적으로 밝은 갈색에서 노란색을 띠며, 앞가슴등판의 가운데와 옆가장자리에 검은 세로무늬가 있기도 하며, 딱지날개 봉합선 부근에 검은 무늬가 있기도 하다. 딱지날개의 끝은 뭉툭하다.

생태 특징
어른벌레는 5월에서 7월까지 관찰된다. 한낮에 산지의 꽃에서 발견된다.

국내 분포 강원도와 경상남도에 분포한다.
국외 분포 중국, 러시아에 분포한다.

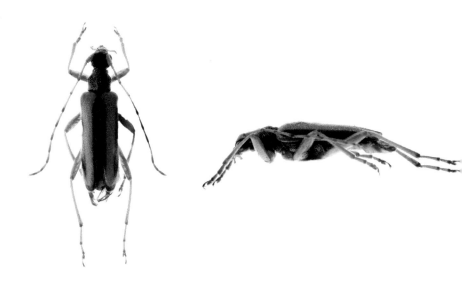

북방각시하늘소

Pidonia suvorovi Baeckmann, 1903

형태 특징

크기 몸 길이는 8~13mm이다.

주요 형질 몸은 길쭉하고 딱지날개의 앞가장자리에서 가장 넓다. 전체적으로 검은색이며, 넓적다리마디의 기부와 발목마디는 황갈색이다. 더듬이는 몸의 길이보다 길거나 비슷하다 앞가슴등판은 오각형이며, 가운데에 길쭉한 돌기가 있다. 딱지날개에 줄은 없으며, 구멍이 많고 끝은 넓게 둥글다.

생태 특징

어른벌레는 6월에서 7월까지 관찰된다. 강원도나 경상북도의 고산지대에서 발견된다. 한낮에 꽃에서 관찰되나, 개체수가 매우 적다.

국내 분포 강원도와 경상북도에 분포한다.
국외 분포 러시아에 분포한다.

따색하늘소

Pseudosieversia rufa (Kraatz, 1879)

형태 특징

크기 몸 길이는 10~15mm이다.

주요 형질 몸은 길고 딱지날개의 앞가장자리에서 가장 넓으며, 끝으로 갈수록 좁아진다. 전체적으로 붉은 갈색 또는 밝은 갈색에서 어두운 갈색을 띠며, 눈은 검은색이다. 앞가슴등판의 양옆에 돌기가 있다. 더듬이는 수컷은 몸길이보다 뚜렷이 길고 암컷은 몸길이와 비슷하거나 약간 짧다. 앞가슴등판과 딱지날개에 무늬가 없다.

생태 특징

어른벌레는 6월에서 8월까지 관찰된다. 가래나무나 물푸레나무 등에서 발견되며 낮에 고사목에서 보인다.

국내 분포 전국적으로 분포한다.

국외 분포 중국, 러시아에 분포한다.

소나무하늘소

Rhagium inquisitor (Linnaeus, 1758)

형태 특징

크기 몸 길이는 12~20mm이다.

주요 형질 머리와 앞가슴등판은 좁고 딱지날개는 뚜렷이 넓어진다. 전체적으로 갈색에서 어두운 갈색이며 노란색과 밝은 갈색의 털이 촘촘하다. 더듬이가 매우 짧아 암수 모두에서 딱지날개의 앞가장자리에 이르지 못한다. 앞가슴등판의 양옆에 뾰족한 돌기가 있다. 딱지날개에 4줄의 세로 융기선이 뚜렷하다.

생태 특징

어른벌레는 4월에서 6월까지 관찰된다. 소나무를 비롯한 침엽수림에서 발견된다. 암컷은 침엽수 벌채목의 굵은 줄기에 알을 낳는다.

국내 분포 전국적으로 분포한다.

국외 분포 러시아, 카자흐스탄, 몽골, 유럽, 신북구에 분포한다.

곰보꽃하늘소

Sachalinobia rugipennis Newman, 1844

형태 특징
크기 몸 길이는 12~24mm이다.
주요 형질 몸은 길고 딱지날개는 머리와 앞가슴등판의 너비보다 뚜렷이 넓다. 전체적으로 어두운 갈색에서 청록색이며, 금속광택이 있다. 더듬이는 딱지날개의 중간에서 뒤에까지 이른다. 딱지날개의 앞가장자리 모서리는 각져 있으며, 중간에 노란 띠가 있다. 표면에 격자 모양의 무늬가 있다.

생태 특징
어른벌레는 5월에서 6월까지 관찰된다. 개체수가 극히 적으며, 주로 침엽수의 고사목에서 발견된다.

국내 분포 강원도에 분포한다.
국외 분포 중국, 일본, 러시아에 분포한다.

넓은어깨하늘소

Stenocorus meridianus (Linnaeus, 1758)

형태 특징
크기 몸 길이는 12~26mm이다.
주요 형질 몸은 길쭉하며, 딱지날개의 앞가장자리에서 가장 넓고 약한 광택이 있다. 머리와 앞가슴등판은 검은색이고 딱지날개는 갈색이며, 회백색의 털로 덮여 있다. 더듬이는 수컷은 몸 길이와 비슷하고, 암컷은 몸 길이보다 뚜렷이 짧다. 몸은 딱지날개의 앞가장자리에서 가장 넓으며, 앞가슴등판에 비해 뚜렷이 넓고, 끝으로 갈수록 좁아진다.

생태 특징
어른벌레는 6월에서 8월까지 관찰된다. 고산지대에서 발견된다. 주로 꽃에서 관찰되며, 암컷은 버드나무, 참나무 등의 고사목 뿌리 부근에 알을 낳는다.

국내 분포 강원도에 분포한다.
국외 분포 러시아, 카자흐스탄, 유럽에 분포한다.

깔따구꽃하늘소

Strangalomorpha tenuis Solsky, 1873

형태 특징
크기 몸 길이는 6~15mm이다.
주요 형질 몸은 가늘고 길며, 눈은 양옆으로 튀어나와 있다. 전체적으로 검은바탕에 노란 털이 촘촘히 있다. 여섯째 더듬이마디부터는 밝은 갈색이다. 앞가슴등판은 앞쪽이 좁으며, 뒤쪽으로 넓어진다. 딱지날개는 뒷쪽으로 점점 좁아지며, 끝이 뭉툭하다.

생태 특징
어른벌레는 5월에서 7월까지 관찰된다. 주로 활엽수에서 관찰되며, 조팝나무, 신나무 등의 꽃에서 먹이활동과 짝짓기를 한다.

국내 분포 전국적으로 분포한다.
국외 분포 중국, 일본, 러시아에 분포한다.

검정하늘소

Spondylis buprestoides (Linnaeus, 1758)

형태 특징
크기 몸 길이는 12~25mm이다.
주요 형질 몸은 긴 원통형이다. 전체적으로 검은색이며, 약한 광택이 있다. 더듬이가 짧아 딱지날개에 이르지 않는다. 큰턱이 크게 발달되어 있다. 딱지날개에 4개의 긴 세로줄이 있으나, 암컷은 뚜렷하지 않다.

생태 특징
어른벌레는 5월에서 9월까지 관찰된다. 개체수가 많아 흔히 관찰되며, 밤에 불에 잘 날아온다. 애벌레는 침엽수의 뿌리를 먹는 것으로 알려져 있다.

국내 분포 전국적으로 분포한다.
국외 분포 일본, 중국, 대만, 몽골, 카자흐스탄, 터키, 유럽, 모나코에 분포한다.

소주홍하늘소

Amarysius sanguinipennis (Blessig, 1872)

형태 특징
크기 몸 길이는 14~19mm이다.
주요 형질 몸은 길고 위아래로 약간 납작하며 광택이 있다. 전체적으로 검은색이며 딱지날개는
붉은색이다. 더듬이의 길이는 암컷은 몸길이와 비슷하고, 수컷은 몸보다 뚜렷이 길다. 앞가
슴등판에는 뾰족한 돌기가 없고, 딱지날개의 끝은 둥글다.

생태 특징
어른벌레는 5월에서 6월까지 관찰된다. 신나무에서 많이 관찰되며 활엽수 벌채목에도 날아
온다.

국내 분포 전국적으로 분포한다.
국외 분포 중국, 일본, 러시아, 카자흐스탄, 몽골에 분포한다.

벚나무사향하늘소

Aromia bungii (Faldermann, 1835)

형태 특징
크기 몸 길이는 23~35mm이다.
주요 형질 몸은 크고 길쭉하며 앞가슴등판의 가운데와 딱지날개의 앞가장자리에서 가장 넓다. 전체적으로 남색을 띠는 검은색이며 광택이 강하다. 앞가슴등판은 붉은색이다. 더듬이는 수컷은 몸길이의 2배 가량이며, 암컷은 몸길이보다 길다. 앞가슴등판의 양옆에 뾰족한 돌기가 있다. 딱지날개는 뒤쪽으로 점점 좁아진다.

생태 특징
어른벌레는 6월에서 8월에 관찰된다. 복숭아나무, 벚나무, 자두나무 등의 굵은 줄기에서 활동하며 알을 낳는다. 만지면 몸에서 사향냄새가 난다. 농가와 가로수에 심각한 피해를 준다.

국내 분포 전국적으로 분포한다.
국외 분포 중국에 분포한다.

홍호랑하늘소

Brachyclytus singularis Kraatz, 1879

형태 특징

크기 몸 길이는 8~12mm이다.

주요 형질 몸은 길고 약간 넓으며 말벌의 모습과 유사하다. 딱지날개의 앞가장자리에서 가장 넓다. 전체적으로 검은색에서 어두운 갈색이며 다리는 어두운 갈색이다. 더듬이는 암수 모두에서 몸길이의 절반보다 짧다. 앞가슴등판은 둥글고 가운데에서 가장 넓다. 딱지날개에 갈색과 노란색의 띠무늬가 있다. 넓적다리마디가 두껍게 발달하였다.

생태 특징

어른벌레는 4월에서 6월까지 관찰된다. 포도나 머루 덩굴 등에서 발견된다. 암컷은 포도나 머루에 알을 낳는다. 어른벌레로 겨울을 난다.

국내 분포 전국적으로 분포한다.

국외 분포 중국, 일본, 러시아에 분포한다.

애청삼나무하늘소

Callidiellum rufipenne (Motschulsky, 1860)

형태 특징
크기 몸 길이는 5~14mm이다.
주요 형질 몸은 다소 짧고 납작하며, 딱지날개의 앞가장자리에서 가장 넓다. 전체적으로 검은색이며 딱지날개는 갈색에서 적갈색이나 검은색인 경우도 있다. 더듬이는 수컷은 몸길이보다 뚜렷이 길고, 암컷은 몸길이보다 뚜렷이 짧다. 앞가슴등판의 양옆은 둥글다. 딱지날개에 점각이 뚜렷하고 한쌍의 세로 융기선이 있다.

생태 특징
어른벌레는 4월에서 7월까지 관찰된다. 침엽수의 고사목이나 벌채목에서 발견되며 개체수가 매우 많다. 암컷은 침엽수의 수피에 알을 낳는다.

국내 분포 전국적으로 분포한다.
국외 분포 중국, 일본, 러시아, 대만, 벨기에, 조지아, 이탈리아, 스페인에 분포한다.

참풀색하늘소

Chloridolum japonicum (Harold, 1879)

형태 특징
크기 몸 길이는 15~30mm이다.
주요 형질 몸은 길쭉하고 위아래로 다소 납작하며 광택이 있다. 전체적으로 초록색이며 더듬이와 다리는 밝은 갈색이다. 더듬이의 길이는 수컷은 몸길이의 2배 정도이고 암컷은 몸길이보다 길다. 앞가슴등판의 양옆에 뾰족한 돌기가 있다. 딱지날개의 끝은 뾰족하다. 뒷다리가 매우 길다.

생태 특징
어른벌레는 7월에서 9월까지 관찰된다. 주로 밤에 참나무의 수액에서 발견된다. 불빛에 날아온다.

국내 분포 중부지역에 분포한다.
국외 분포 중국, 일본에 분포한다.

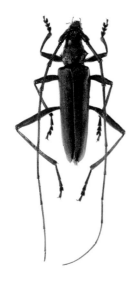

깔따구풀색하늘소

Chloridolum viride Thomson, 1864

형태 특징
크기 몸 길이는 14~26mm이다.

주요 형질 몸은 가늘고 길며, 광택이 있다. 몸은 전체적으로 녹색이나 구리빛을 띠며, 더듬이와 다리는 짙은 녹색이다. 더듬이의 길이는 수컷은 몸길이보다 뚜렷이 길며, 암컷은 딱지날개의 끝을 약간 넘는다. 앞가슴등판의 양옆으로 뾰족한 돌기가 있다. 딱지날개에 뚜렷한 세로 융기선이 있다. 다리는 가늘고 매우 길다.

생태 특징
어른벌레는 5월에서 7월까지 관찰된다. 한낮에 국수나무 등의 꽃에 모이며, 침엽수와 참나무의 벌채목에도 모인다.

국내 분포 남부지역에 분포한다.
국외 분포 중국, 일본, 러시아, 대만에 분포한다.

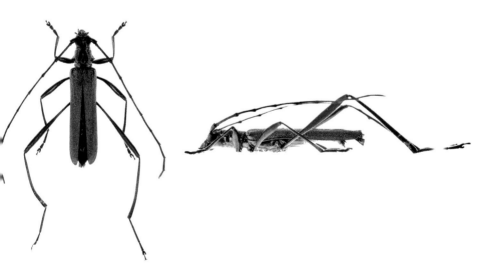

범하늘소

Chlorophorus diadema (Motschulsky, 1853)

형태 특징
크기 몸 길이는 8~16mm이다.
주요 형질 몸은 길쭉하다. 전체적으로 검은색이며, 앞가슴등판의 뒤쪽과 딱지날개에 회백색에서 황갈색 털로 된 무늬가 있다. 더듬이는 비교적 짧아 암수 모두에서 딱지날개의 중간에 이른다. 앞가슴등판의 옆면은 둥글다. 딱지날개의 끝은 뭉툭하다.

생태 특징
어른벌레는 5월에서 8월까지 관찰된다. 마을 주변, 낮은 산지의 흰꽃이나 활엽수의 벌채목에서 발견된다. 밤에 불빛에 날아오기도 한다. 암컷은 활엽수의 고사목이나 벌채목에 알을 낳는다.

국내 분포 전국적으로 분포한다.
국외 분포 중국, 러시아, 대만에 분포한다.

가시범하늘소

Chlorophorus japonicus (Chevrolat, 1863)

형태 특징

크기 몸 길이는 9~13mm이다.

주요 형질 몸은 길다. 전체적으로 검은색이며, 앞가슴등판의 가장자리와 딱지날개에 회색에서 회황색의 무늬가 있다. 더듬이는 딱지날개의 앞쪽 1/3지점에 이른다. 딱지날개의 끝에 한 쌍의 가시와 같은 돌기가 있다.

생태 특징

어른벌레는 5월에서 7월까지 관찰된다. 주로 해안의 활엽수림에서 발견된다. 상수리나무의 고사목에서 관찰된다.

국내 분포 중부와 남부지역에 분포한다.
국외 분포 중국, 일본, 러시아, 동양구에 분포한다.

육점박이범하늘소

Chlorophorus simillimus (Kraatz, 1879)

형태 특징
크기 몸 길이는 7~15mm이다.

주요 형질 몸은 길쭉하고 약한 광택이 있으며 털로 덮여있다. 전체적으로 황록색이나 앞가슴등판의 가운데와 양옆에 검은 점이 있으며 딱지날개에 검은 무늬가 있다. 더듬이의 길이는 암수 모두에서 몸길이보다 뚜렷이 짧다. 딱지날개는 앞가슴등판보다 약간 더 넓으며 끝은 뭉툭하다.

생태 특징
어른벌레는 5월에서 7월까지 관찰된다. 한낮에 활엽수 벌채목에서 관찰되나 다양한 꽃에서도 쉽게 관찰된다. 암컷은 활엽수 벌채목에 알을 낳는다.

국내 분포 전국적으로 분포한다.
국외 분포 중국, 일본, 러시아에 분포한다.

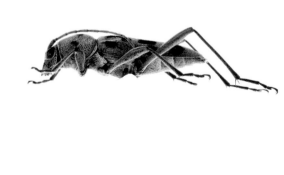

산흰줄범하늘소

Clytus raddensis Pic, 1904

형태 특징

크기 몸 길이는 7~13mm이다.

주요 형질 몸은 길쭉하고, 앞가슴등판의 가운데와 딱지날개의 앞가장자리에서 가장 넓다. 전체적으로 검은색이며 작은방패판은 흰색이다. 더듬이는 암수 모두에서 몸길이보다 뚜렷이 짧다. 앞가슴등판은 원형이며 볼록하다. 딱지날개에 흰무늬가 있으며 끝이 뭉툭하다. 뒷다리가 길다.

생태 특징

어른벌레는 5월에서 7월까지 관찰된다. 어른벌레는 활엽수의 벌채목에서 발견된다. 암컷은 고사목의 수피에 알을 낳는다.

국내 분포 전국적으로 분포한다.

국외 분포 중국, 일본, 러시아에 분포한다.

작은별긴하늘소

Compsidia populnea (Linnaeus, 1758)

형태 특징

크기 몸 길이는 8~15mm이다.

주요 형질 몸은 길고 원통형이며 딱지날개의 앞가장자리에서 가장 넓다. 전체적으로 감청색이며 노란 털이 많이 있다. 더듬이는 수컷은 몸길이와 비슷하거나 약간 길며, 암컷은 몸길이보다 약간 짧다. 더듬이 각 마디의 기부는 회백색, 끝은 검은색이다. 앞가슴등판에 3개의 세로 줄무늬가 있으며 딱지날개에는 노란색의 점무늬와 털이 있다. 딱지날개는 끝으로 갈수록 약간 좁아진다.

생태 특징

어른벌레는 5월에서 7월까지 관찰된다. 한낮에 버드나무 등에서 발견되며 암컷은 버드나무, 포플러나무의 가지에 알을 낳는다. 애벌레로 겨울을 난다.

국내 분포 중부지역에 분포한다.
국외 분포 중국, 러시아, 카자흐스탄, 몽골, 터키, 유럽, 알제리에 분포한다.

가시수염범하늘소

Demonax transilis Bates, 1884

형태 특징

크기 몸 길이는 7~12mm이다.

주요 형질 몸은 길다. 전체적으로 검은색이나, 회백색의 털로 덮여 있다. 더듬이는 길며, 수컷은 딱지날개의 끝, 암컷은 끝 1/4 지점에 이른다. 딱지날개의 띠와 물결무늬로 유사 종들과 구분이 가능하다.

생태 특징

어른벌레는 5월에서 7월까지 관찰된다. 개체수가 많이 흔히 관찰되며, 산의 다양한 꽃에서 꽃가루를 먹는 모습을 볼 수 있다. 활엽수의 얇은 가지에 알을 낳는다. 애벌레 상태로 겨울을 난다.

국내 분포 전국적으로 분포한다.
국외 분포 일본에 분포한다.

반디하늘소

Dere thoracica White, 1855

형태 특징

크기 몸 길이는 7~10mm이다.

주요 형질 몸은 길고 약간 납작하며, 딱지날개의 앞가장자리와 딱지날개 뒤쪽 1/3지점에서 가장 넓다. 머리와 다리는 검은색이고 앞가슴등판은 붉은색이며, 딱지날개는 진한 녹색에서 청색을 띤다. 더듬이는 암수 모두 몸길이보다 뚜렷이 짧다. 넓적다리마디가 두껍게 부풀어 있다. 딱지날개의 끝은 뾰족하며 돌기가 있다.

생태 특징

어른벌레는 4월에서 6월까지 관찰된다. 신나무나 조팝나무의 꽃에서 쉽게 관찰된다. 암컷은 자귀나무 고사목에 산란한다. 어른벌레로 겨울을 난다.

국내 분포 전국적으로 분포한다.

국외 분포 중국, 일본, 동양구에 분포한다.

홀쭉하늘소

Leptoxenus ibidiiformis Bates, 1877

형태 특징

크기 몸 길이는 11~25mm이다.

주요 형질 몸은 가늘고 길며 딱지날개의 앞가장자리에서 가장 넓다. 전체적으로 밝은 갈색에서 황갈색을 띤다. 더듬이는 암수 모두에서 몸길이보다 뚜렷이 길다. 앞가슴등판의 양옆에 뾰족한 돌기가 있으며 등면에 검은 무늬가 있다. 딱지날개에 갈색과 회백색의 얼룩무늬가 있다. 딱지날개의 끝은 뾰족하다.

생태 특징

어른벌레는 4월에서 6월까지 관찰된다. 생강나무, 후박나무 등에서 발견되며 알을 낳는다. 밤에 불빛에 잘 날아온다.

국내 분포 전국적으로 분포한다.
국외 분포 중국, 일본, 대만에 분포한다.

작은하늘소

Margites fulvidus (Pascoe, 1858)

형태 특징
크기 몸 길이는 12~19mm이다.

주요 형질 몸은 길쭉하고 약한 광택이 있으며 딱지날개의 앞가장자리에서 가장 넓다. 전체적으로 밝은 갈색이며 머리와 앞가슴등판이 조금더 어두운 색을 띤다. 더듬이는 암수 모두에서 몸길이보다 길다. 앞가슴등판은 가운데에서 가장 넓다. 작은방패판은 노란색이다.

생태 특징
어른벌레는 5월에서 8월까지 관찰된다. 주로 밤에 상수리나무 수액에서 관찰된다. 암컷은 참나무의 고사목에 알을 낳는다. 불빛에 날아온다.

국내 분포 전국적으로 분포한다.
국외 분포 중국, 일본, 러시아, 대만에 분포한다.

하늘소

Massicus raddei (Blessig, 1872)

형태 특징

크기 몸 길이는 34~58mm이다.

주요 형질 몸은 크고 두꺼우며 광택이 있다. 전체적으로 갈색에서 밝은 갈색을 띤다. 더듬이의 길이는 수컷은 몸길이보다 뚜렷이 길며, 암컷은 몸길이와 비슷하다. 앞가슴등판에 주름 모양의 가로 돌기가 있다. 딱지날개는 앞가슴등판보다 약간 더 넓으며 끝이 둥글다.

생태 특징

어른벌레는 7월에서 8월까지 관찰된다. 어른벌레는 활엽수에서 발견되며 주로 밤에 수액을 먹는 모습을 볼 수 있다. 불빛에도 잘 날아온다.

국내 분포 전국적으로 분포한다.

국외 분포 중국, 일본, 러시아, 대만, 동양구에 분포한다.

엿하늘소

Obrium obscuripenne Pic, 1904

형태 특징
크기 몸 길이는 5~9mm이다.
주요 형질 몸은 가늘고 길쭉하며, 딱지날개의 앞가장자리에서 가장 넓고 양옆이 다소 평행하다. 전체적으로 갈색에서 붉은 갈색이다. 더듬이는 암수 모두에서 몸길이보다 뚜렷이 길다. 앞가슴등판은 긴원통형으로 양옆이 거의 평행하나 가운데에서 가장 넓다. 딱지날개의 끝은 둥글다. 넓적다리마디는 두껍다.

생태 특징
어른벌레는 5월에서 8월까지 관찰된다. 어른벌레는 활엽수의 잎에서 발견되며 밤에 불빛에 날아오기도 한다. 암컷은 물푸레나무 등에 알을 낳는다.

국내 분포 중부와 남부의 일부지역에 분포한다.
국외 분포 중국, 일본, 러시아에 분포한다.

주홍삼나무하늘소

Oupyrrhidium cinnabarinum (Blessig, 1872)

형태 특징

크기 몸 길이는 7~17mm이다.

주요 형질 몸은 길쭉하고 광택이 있다. 전체적으로 붉은색이고 머리의 앞부분과 더듬이, 다리는 검은색이다. 더듬이의 길이는 수컷은 몸길이보다 뚜렷이 길고, 암컷은 몸길이와 비슷하다. 앞가슴등판의 가운데에서 가장 넓다. 딱지날개에는 세로 줄무늬가 있다. 넓적다리마디는 두껍게 부풀어 있다.

생태 특징

어른벌레는 5월에서 7월까지 관찰된다. 어른벌레는 맑은 날 벌채목에 날아든다. 암컷은 벌채목이나 고사목에 알을 낳는다.

국내 분포 전국적으로 분포한다.

국외 분포 중국, 러시아에 분포한다.

홍띠하늘소

Phymatodes maaki (Kraatz, 1879)

형태 특징
크기 몸 길이는 6~10mm이다.

주요 형질 몸은 길고 넓으며 앞가슴등판의 가운데와 딱지날개의 앞가장자리에서 가장 넓다. 전체적으로 검은색이며, 더듬이, 넓적다리마디를 제외한 다리, 딱지날개의 앞쪽은 갈색이다. 더듬이는 수컷은 몸길이의 절반보다 뚜렷이 길며, 암컷은 몸길이의 절반가량이다. 앞가슴등판은 둥글고 볼록하다. 딱지날개에는 무늬가 뚜렷하다. 넓적다리마디는 곤봉모양이다.

생태 특징
어른벌레는 5월에서 7월까지 관찰된다. 머루, 포도 등의 고사목에서 발견되며 알을 낳는다.

국내 분포 전국적으로 분포한다.
국외 분포 중국, 러시아, 대만에 분포한다.

노랑띠하늘소

Polyzonus fasciatus (Fabricius, 1781)

형태 특징

크기 몸 길이는 15~21mm이다.

주요 형질 몸은 원통형으로 가늘고 길다. 몸 전체는 검푸른색이며 딱지날개에 굵은 노란 띠가 2개 있다. 더듬이는 암수 모두에서 몸길이보다 뚜렷이 길다. 앞가슴등판의 양옆에 뾰족한 돌기가 있다. 딱지날개의 앞가장자리에서 가장 넓으며 뒤쪽으로 점점 좁아진다.

생태 특징

어른벌레는 7월에서 9월에 관찰된다. 참취, 골등골나물, 개망초와 같은 여러 꽃에 모여 먹이활동을 한다. 암컷은 장미과 식물에 노란 점액질과 함께 알을 붙여 놓는다. 몸에 옅은 사향냄새가 난다.

국내 분포 전국적으로 분포한다.
국외 분포 중국, 몽골에 분포한다.

모자주홍하늘소

Purpuricenus lituratus Ganglbauer, 1887

형태 특징
크기 몸 길이는 17~23mm이다.

주요 형질 몸은 넓고 길며, 딱지날개의 앞가장자리에서 가장 넓고 뒤쪽으로 약간 넓어지다가 끝에서 좁아진다. 전체적으로 붉은색에서 주황색이며, 머리와 다리는 검은색이다. 앞가슴등판에 검은 무늬가 있고, 딱지날개의 중간에 모자 모양의 검은 무늬가 있다. 더듬이는 수컷은 몸 길이의 약 2배이고, 암컷은 몸길이와 비슷하다. 앞가슴등판의 가운데에 뾰족한 돌기가 있으며, 딱지날개의 끝은 둥글다.

생태 특징
어른벌레는 5월에서 7월까지 관찰된다. 주로 참나무의 새순에서 발견되며 암컷은 참나무 고사목에 알을 낳는다.

국내 분포 중부와 남부지역에 분포한다.
국외 분포 중국, 러시아에 분포한다.

주홍하늘소

Purpuricenus temminckii (Guérin-Méneville, 1844)

형태 특징

크기 몸 길이는 13~18mm이다.

주요 형질 몸은 약간 넓적하며, 딱지날개의 앞가장자리와 뒤쪽 1/3지점에서 가장 넓다. 앞가슴등판과 딱지날개는 붉은색이고, 머리, 다리, 배는 검은색이다. 앞가슴등판의 검은 무늬는 개체에 따라 다양하다. 더듬이는 수컷은 몸길이보다 뚜렷이 길고, 암컷은 몸길이와 비슷하다. 앞가슴등판의 양옆에 뾰족한 돌기가 있다. 딱지날개의 세로 융기선이 뚜렷하다.

생태 특징

어른벌레는 4월에서 6월에 관찰된다. 어른벌레는 꽃에 날아오며, 암컷은 대나무에 알을 낳는다. 겨울에 대나무 고사목 안에서 어른벌레와 애벌레를 볼 수 있다.

국내 분포 전국에 국지적으로 분포한다.
국외 분포 중국, 일본, 대만, 동양구에 분포한다.

굵은수염하늘소

Pyrestes haematicus Pascoe, 1857

형태 특징
크기 몸 길이는 15~18mm이다.
주요 형질 몸은 길고 원통형이다. 머리와 앞가슴등판은 검고 더듬이와 딱지날개는 붉은색이다. 앞가슴등판이 붉은 개체도 있다. 더듬이는 굵고 넓적한 톱날 모양이다. 앞가슴등판에는 물결 모양의 주름이 있다. 딱지날개의 점각은 뚜렷하다.

생태 특징
어른벌레는 5월에서 8월까지 관찰된다. 산지의 흰꽃에서 발견되며, 후박나무나 붉나무 등에 모인다. 녹나무과의 가지에 알을 낳는다.

국내 분포 전국적으로 분포한다.
국외 분포 중국, 대만에 분포한다.

루리하늘소

Rosalia coelestis Semenov, 1911

형태 특징

크기 몸 길이는 16.0~32.0mm이다.

주요 형질 몸은 길쭉하고 양옆이 다소 평행하다. 전체적으로 하늘색이나 검은 무늬가 몸 전체에 있다. 더듬이는 수컷에서는 몸길이의 두배정도이고 암컷은 몸길이보다 뚜렷이 길며, 각 마디에 검은색 털뭉치가 있다. 머리의 눈 주변과 밑면은 검은색이다. 앞가슴등판은 가운데 큰 검은 무늬가 있으며 양옆에 검은 둥근 무늬가 있다. 딱지날개에 검은 가로 띠무늬가 있다.

생태 특징

어른벌레는 6월에서 8월에 관찰된다. 어른벌레는 매우 드물게 관찰되며, 산겨릅나무, 들메나무, 가래나무와 같은 서서 죽은 큰 활엽수의 가지 부분에서 관찰된다.

국내 분포 강원도의 일부지역에서 분포한다.
국외 분포 중국, 러시아에 분포한다.

털보하늘소

Trichoferus campestris (Faldermann, 1835)

형태 특징
크기 몸 길이는 10~19mm이다.

주요 형질 몸은 길쭉하고 약간 넓적하며, 위아래로 다소 납작하고 광택이 있다. 전체적으로 어두운 갈색이며 노란털이 많이 있다. 더듬이의 길이는 수컷은 몸길이보다 약간 짧고, 암컷은 몸길이보다 뚜렷이 짧다. 앞가슴등판은 타원형이다. 딱지날개의 너비는 앞가슴등판보다 약간 넓다.

생태 특징
어른벌레는 6월에서 8월까지 관찰된다. 어른벌레는 다양한 나무의 고사목이나 벌채목에서 발견된다. 밤에 불빛에 날아온다.

국내 분포 전국적으로 분포한다.

국외 분포 중국, 러시아, 몽골, 우즈베키스탄, 타지키스탄, 투르크메니스탄, 이란, 카자흐스탄, 몰다비아, 폴란드, 루마니아, 우크라이나에 분포한다.

호랑하늘소

Xylotrechus chinensis (Chevrolat, 1852)

형태 특징

크기 몸 길이는 15~25mm이다.

주요 형질 몸은 길고 약간 넓으며 말벌의 모습과 유사하다. 앞가슴등판의 가운데와 딱지날개의 앞가장자리에서 가장 넓다. 머리는 노란털로 덮여 있으며 딱지날개는 검은색이나 노란색과 붉은색의 띠무늬가 있다. 작은방패판은 노란털로 덮여 있으며 딱지날개는 검은색이나 노란 무늬가 있다. 다리는 황갈색에서 노란색이다. 더듬이는 암수 모두에서 몸길이보다 뚜렷이 짧다. 앞가슴등판은 둥글고 볼록하다. 딱지날개의 끝은 뭉툭하다.

생태 특징

어른벌레는 7월에서 9월까지 관찰된다. 뽕나무에서 주로 발견되며 약해진 나무나 고사목에 모인다. 암컷은 뽕나무에 알을 낳는다.

국내 분포 전국적으로 분포한다.
국외 분포 중국, 일본, 대만에 분포한다.

세줄호랑하늘소

Xylotrechus cuneipennis (Kraatz, 1879)

형태 특징

크기 몸 길이는 10~24mm이다.

주요 형질 몸은 길쭉하다. 전체적으로 검은색이며, 더듬이와 딱지날개는 갈색이다. 앞가슴등판의 앞모서리와 뒷모서리에 노란색 털이 있다. 딱지날개에는 흰색 털무늬가 있다. 더듬이는 수컷에서 딱지날개의 앞 1/3지점에 이르고 암컷에서 앞가슴등판의 뒷가장자리에 이른다. 앞가슴등판의 양옆은 둥글다. 딱지날개의 앞가장자리는 앞가슴등판의 뒷가장자리보다 뚜렷이 더 넓고, 뒤쪽으로 점점 좁아지며, 끝이 뭉툭하게 잘려져 있다.

생태 특징

어른벌레는 6월에서 8월에 관찰된다. 어른벌레는 전국의 활엽수림에서 발견되며, 죽은 나무나 잘려진 나무에서 잘 관찰된다. 애벌레로 겨울을 난다.

국내 분포 전국적으로 분포한다.
국외 분포 일본, 러시아, 중국에 분포한다.

별가슴호랑하늘소

Xylotrechus grayii White, 1855

형태 특징

크기 몸 길이는 9~17mm이다.

주요 형질 몸은 길쭉하다. 머리와 앞가슴등판은 검은색이다. 딱지날개는 갈색에서 어두운 갈색이다. 첫째에서 다섯째 더듬이마디는 검은색이고 나머지는 흰색이다. 가운데다리와 뒷다리 넓적다리마디와 종아리마디의 기부쪽은 붉은색이고 끝은 검은색이다. 잎가슴등판에 회백색의 무늬가 있으며, 딱지날개는 검은 무늬와 노란무늬가 있다. 더듬이는 짧아 딱지날개의 중간에 이르지 못한다. 딱지날개의 끝은 뭉툭하다.

생태 특징

어른벌레는 5월에서 7월까지 관찰된다. 한낮에 활엽수의 벌채목에서 발견된다. 개체수가 많아 많이 관찰된다. 암컷은 활엽수의 고사목이나 벌채목에 알을 낳는다.

국내 분포 전국적으로 분포한다.
국외 분포 중국, 일본, 대만에 분포한다.

홍가슴호랑하늘소

Xylotrechus rufilius Bates, 1884

형태 특징

크기 몸 길이는 8~15mm이다.

주요 형질 몸은 길쭉하고 광택이 있다. 머리와 딱지날개, 더듬이, 다리는 검은색이고 앞가슴등판은 붉은색이다. 딱지날개에 흰 줄무늬가 있다. 더듬이의 길이는 암수 모두에서 몸길이의 절반에 못미친다. 앞가슴등판은 공모양으로 작은 돌기들이 있다. 딱지날개의 끝은 뭉툭하다.

생태 특징

어른벌레는 5월에서 8월까지 관찰된다. 어른벌레는 활엽수의 고사목이나 벌채목에서 쉽게 관찰된다. 암컷은 활엽수의 벌채목에 알을 낳는다.

국내 분포 전국적으로 분포한다.

국외 분포 중국, 일본, 대만, 동양구에 분포한다.

청줄하늘소

Xystrocera globosa (Olivier, 1795)

형태 특징

크기 몸 길이는 15~35mm이다.

주요 형질 몸은 길쭉하고 광택이 강하다. 전체적으로 어두운 갈색에서 갈색이며 앞가슴등판의 가장자리에 짙은 청록색의 띠무늬가 있고 딱지날개에 청록색 세로 줄무늬가 있다. 더듬이의 길이는 수컷은 몸길이의 약 2배이고 암컷은 몸길이보다 길다. 더듬이 첫째마디에 가시가 있다. 앞가슴등판의 너비는 딱지날개의 너비와 비슷하다. 딱지날개의 끝은 둥글다.

생태 특징

어른벌레는 6월에서 8월까지 관찰된다. 어른벌레는 밤에 자귀나무에서 발견되며 암컷은 죽어가는 자귀나무나 벌채목에 알을 낳는다. 불에 날아온다.

국내 분포 전국적으로 분포한다.

국외 분포 중국, 일본, 대만, 네팔, 파키스탄, 아프리카구, 오스트리아구, 신열대구, 동양구에 분포한다.

애기우단하늘소

Acalolepta degener (Bates, 1873)

형태 특징

크기 몸 길이는 9~14mm이다.

주요 형질 몸은 길고 약간 넓으며 딱지날개의 앞가장자리에서 가장 넓다. 전체적으로 갈색에서 진한 갈색이며 노란색과 회색 털이 있다. 더듬이는 갈색이고 암수 모두에서 몸길이의 약 2배 이다. 앞가슴등판의 양옆에 뾰족한 돌기가 있다. 작은방패판은 밝은 갈색에서 노란색이며 딱지날개에 흰 무늬가 있다.

생태 특징

어른벌레는 6월에서 8월까지 관찰된다. 농지 주변 초지의 쑥에서 발견된다.

국내 분포 중부지역에 분포한다.

국외 분포 중국, 일본, 러시아, 대만에 분포한다.

우단하늘소

Acalolepta fraudatrix (Bates, 1873)

형태 특징

크기 몸 길이는 12~35mm이다.

주요 형질 몸은 길쭉하고 약간 두껍다. 전체적으로 갈색이다. 더듬이는 수컷은 몸길이의 두배 이상이며, 암컷은 몸길이보다 뚜렷이 길다. 앞가슴등판의 양옆에 뾰족한 돌기가 있다. 딱지날개의 앞가장자리는 앞가슴등판보다 뚜렷이 넓고 끝은 둥글다. 뚜렷한 점각렬은 없다.

생태 특징

어른벌레는 6월에서 8월까지 관찰된다. 활엽수림에서 발견되며 밤에 불빛에 날아오기도 한다.

국내 분포 전국적으로 분포한다.
국외 분포 러시아, 일본에 분포한다.

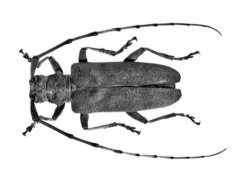

작은우단하늘소

Acalolepta sejuncta (Bates, 1873)

형태 특징

크기 몸 길이는 14~20mm이다.

주요 형질 몸은 길쭉하고 약한 광택이 있으며 딱지날개의 앞가장자리에서 가장 넓다. 더듬이는 매우 길어 수컷은 몸의 약 2.5배이고, 암컷은 2배가 조금 안된다. 앞가슴등판의 양옆에 뾰족한 돌기가 있다. 딱지날개에는 구멍이 많다.

생태 특징

어른벌레는 6월에서 8월까지 관찰된다. 활엽수의 잎을 먹으며 벌채목에도 관찰된다. 밤에 불빛에 잘 날아온다.

국내 분포 전국적으로 분포한다.
국외 분포 중국, 일본, 러시아에 분포한다.

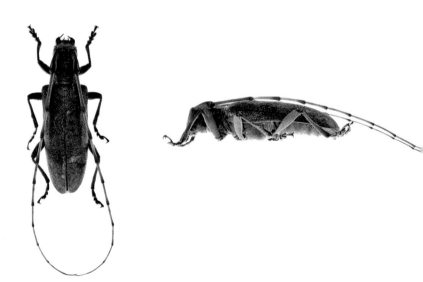

남색초원하늘소

Agapanthia pilicornis (Fabricius, 1787)

형태 특징
크기 몸 길이는 8~17mm이다.
주요 형질 몸은 길고, 광택이 있다. 전체적으로 푸른색이며, 머리와 앞가슴등판은 어두운 푸른색이다. 첫째에서 둘째 더듬이 마디에 검은 털 뭉치가 있으며, 둘째에서 열한째 마디의 기부에서 끝 1/3지점은 회백색이다. 더듬이 길이는 앞수 모두에서 몸 길이보다 뚜렷이 길다. 딱지날개의 끝은 둥글다.

생태 특징
어른벌레는 5월에서 6월까지 관찰된다. 개체수가 많아 흔히 관찰된다. 개망초, 엉겅퀴, 지칭개 등에서 쉽게 관찰 할 수 있다. 줄기에 턱으로 구멍을 내어 알을 낳는다. 애벌레는 줄기에 터널을 뚫고 산다.

국내 분포 전국적으로 분포한다.
국외 분포 중국, 러시아에 분포한다.

초원하늘소

Agapanthia villosoviriidescens (De Geer, 1775)

형태 특징
크기 몸 길이는 9~19mm이다.
주요 형질 몸은 다소 원통형으로 길쭉하며 광택이 있다. 전체적으로 어두운 청색이다. 더듬이의 길이는 암수 모두에서 몸길이보다 길다. 앞가슴등판은 원통형이다. 작은방패판은 밝은 갈색이다. 딱지날개의 너비는 앞가슴등판보다 약간 더 넓다.

생태 특징
어른벌레는 6월에서 9월까지 관찰된다. 어른벌레는 산 정상부의 초원지대에서 발견된다.

국내 분포 중부지역에 분포한다.
국외 분포 러시아, 몽골, 카자흐스탄, 유럽에 분포한다.

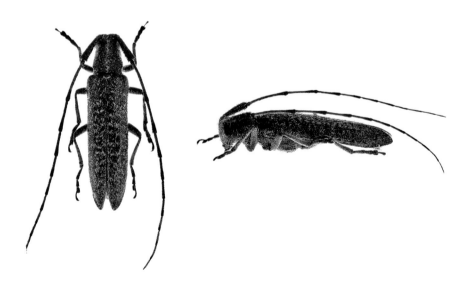

통하늘소

Anaesthetobrium luteipenne Pic, 1923

형태 특징
크기 몸 길이는 5~7mm이다.
주요 형질 몸은 작고 길쭉하며 원통형이고 광택이 있다. 머리, 앞가슴등판, 더듬이는
검은색이며 딱지날개는 밝은 갈색이다. 더듬이의 길이는 암수 모두에서 몸길이보다 뚜렷이
길다. 앞가슴등판의 양옆에 돌기가 있다.

생태 특징
어른벌레는 5월에서 7월까지 관찰된다. 어른벌레는 뽕나무에서 관찰되며 밤에 불빛에 날아
오기도 한다. 암컷은 죽은 뽕나무의 가지에 알을 낳는다.

국내 분포 전국적으로 분포한다.
국외 분포 중국, 일본에 분포한다.

유리알락하늘소

Anoplophora glabripennis (Motschulsky, 1853)

형태 특징

크기 몸 길이는 25~33mm이다.

주요 형질 몸은 두껍고 넓으며 광택이 강하다. 전체적으로 검은색이며 딱지날개에 흰색 또는 노란색의 크고 작은 점무늬가 여러개 있다. 더듬이의 길이는 수컷은 몸길이의 2배 정도이고 암컷은 몸길이보다 길다. 앞가슴등판의 양옆에 뾰족한 돌기가 있다. 딱지날개는 알락하늘소와 다르게 앞쪽에 작은 돌기가 없이 매끈하다.

생태 특징

어른벌레는 6월에서 8월까지 관찰된다. 울창한 활엽수림에서 주로 발견되나 최근 도심에서도 발견된다. 암컷은 버드나무 등에 상처를 내고 알을 낳는다.

국내 분포 중부지역에 분포한다.

국외 분포 중국, 오스트리아, 체코, 프랑스, 독일, 이탈리아, 신북구에 분포한다.

알락하늘소

Anoplophora malasiaca (Thomson, 1865)

형태 특징

크기 몸 길이는 25~35mm이다.

주요 형질 몸은 크고 두껍우며 광택이 강하고, 딱지날개의 앞가장자리에서 가장 넓으며 끝으로 약간 좁아진다. 전체적으로 검은색이며 더듬이 각 마디의 기부와 종아리마디의 기부쪽 절반, 발목마디는 회백색이다. 더듬이는 수컷은 몸길이의 2배 정도이며, 암컷은 몸길이보다 뚜렷이 길다. 앞가슴등판의 양옆에 크고 뾰족한 돌기가 있다. 딱지날개에 흰색 또는 황백색의 점무늬가 있으며, 앞쪽에 작은 돌기들이 있다.

생태 특징

어른벌레는 6월에서 9월까지 관찰된다. 활엽수에서 관찰되며 개체수가 많다. 도심에서도 쉽게 관찰되며 가로수에 피해를 줘 외국에서는 방제에 대한 연구가 많이 이루어져있다. 밤에 불빛에 날아오기도 한다.

국내 분포 전국적으로 분포한다.
국외 분포 일본에 분포한다.

뽕나무하늘소
Apriona germari (Hope, 1831)

형태 특징
크기 몸 길이는 35~45mm이다.

주요 형질 몸은 크고 다소 두껍우며, 광택이 있다. 전체적으로 황록색이다. 더듬이는 각 마디의 기부는 회백색이고 나머지는 검은색이며, 넓적다리마디와 발목마디는 검은색, 종아리마디는 회백색이다. 앞가슴등판에 주름모양의 검은색 돌기가 있으며, 딱지날개의 앞 1/3까지 검은 돌기들이 많이 있다. 더듬이는 수컷은 몸길이보다 뚜렷이 길며, 암컷은 몸길이보다 약간 더 길다. 앞가슴등판의 양 옆에 뾰족한 돌기가 있다. 딱지날개의 끝에 2쌍의 가시가 있다.

생태 특징
어른벌레는 7월에서 9월까지 관찰된다. 주로 뽕나무의 가지에서 많이 발견되며, 밤에 불빛에 날아오기도 한다. 암컷은 살아있는 뽕나무 가지에 알을 낳는다. 어른벌레가 되기까지 2년이 걸린다.

국내 분포 전국적으로 분포한다.
국외 분포 중국, 대만, 네팔, 동양구에 분포한다.

큰넓적하늘소

Arhopalus rusticus (Linnaeus, 1758)

형태 특징
크기 몸 길이는 12~30mm이다.
주요 형질 몸은 길쭉하며 다소 넓적하고 약한 광택이 있다. 전체적으로 갈색에서 어두운 갈색이다. 더듬이는 암수 모두에서 몸길이보다 뚜렷이 짧다. 머리와 앞가슴등판의 중앙에 긴 세로홈이 있다. 앞가슴등판은 너비가 더 넓은 타원형으로 가운데에서 가장 넓다. 딱지날개에 긴 세로 융기선이 있다.

생태 특징
어른벌레는 6월에서 8월까지 관찰된다. 어른벌레는 해질녘이나 밤에 침엽수에서 발견된다. 밤에 불빛에 날아오기도 한다.

국내 분포 전국적으로 분포한다.
국외 분포 중국, 일본, 러시아, 몽골, 터키, 모나코, 유럽에 분포한다.

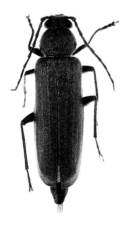

측돌기하늘소

Asaperda stenostola Kraatz, 1879

형태 특징
크기 몸 길이는 6~9mm이다.
주요 형질 몸은 긴원통형이며 양옆이 비교적 평행하나 딱지날개의 앞가장자리에서 가장 넓다.
전체적으로 검은색이며 더듬이와 종아리마디는 갈색이다. 광택이 있다. 더듬이는 암수 모두
에서 몸길이보다 뚜렷이 길다. 앞가슴등판의 양옆에 뾰족한 돌기가 있다. 딱지날개는 끝으로
점점 좁아진다.

생태 특징
어른벌레는 5월에서 8월까지 관찰된다. 활엽수에서 관찰되며 주로 뽕나무에서 발견된다. 밤
에 불빛에 날아오기도 한다.

국내 분포 중부지역에 분포한다.
국외 분포 러시아, 카자흐스탄, 몽골에 분포한다.

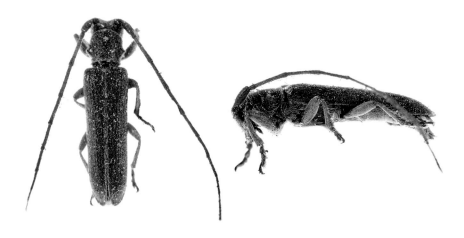

작은넓적하늘소

Asemum striatum (Linnaeus, 1758)

형태 특징
크기 몸 길이는 8~15mm이다.
주요 형질 몸은 두껍고 넓적하며 딱지날개의 앞가장자리에서 가장 넓다. 전체적으로 갈색에서 어두운 갈색 또는 검은색이다. 더듬이는 암수 모두에서 몸길이의 절반보다 뚜렷이 짧다. 앞가슴등판의 양옆은 둥글다. 딱지날개는 세로로 융기선이 뚜렷하고 끝이 둥글다. 다리는 비교적 짧다.

생태 특징
어른벌레는 5월에서 8월까지 관찰된다. 주로 침엽수의 고사목에서 발견되며 암컷은 침엽수에 알을 낳는다. 밤에 불빛에 날아오기도 한다.

국내 분포 전국적으로 분포한다.
국외 분포 중국, 일본, 러시아, 키르기스스탄, 카자흐스탄, 몽골, 터키, 유럽, 신북구, 신열대구에 분포한다.

큰남색하늘소

Astathes episcopalis Chevrolat, 1852

형태 특징
크기 몸 길이는 12.0~13.0mm이다.

주요 형질 몸은 짧고 양옆이 다소 평행하다. 머리와 앞가슴등판, 넓적다리마디는 적갈색에서 붉은색이고, 다섯째에서 일곱째 더듬이마디의 기부도 적갈색이다. 딱지날개는 남색이며, 종아리마디와 발목마디는 검은색이다. 더듬이는 암수 모두에서 몸길이보다 약간 길거나 비슷하다. 앞가슴등판의 뒷가장자리는 딱지날개의 앞가장자리보다 좁다.

생태 특징
어른벌레는 6월에서 8월에 관찰된다. 어른벌레는 활엽수림에서 발견되며 정확한 기주는 밝혀지지 않았다.

국내 분포 전국에 국지적으로 분포한다.
국외 분포 일본, 중국에 분포한다.

참나무하늘소

Batocera lineolata Chevrolat, 1852

형태 특징

크기 몸 길이는 40~52mm이다.

주요 형질 몸은 크고 두꺼우며 광택이 있다. 전체적으로 회색에서 어두운 녹색이며 더듬이는 검은색이고, 앞가슴등판에 세로로 긴 점무늬가 있고, 딱지날개에 흰 무늬들이 있다. 몸의 양 옆으로 흰 줄무늬가 있다. 더듬이는 암수 모두에서 몸길이보다 길다. 앞가슴등판의 양옆에 뾰족한 돌기가 있다. 딱지날개의 앞쪽에는 작은 돌기들이 있으며 앞가장자리의 모서리에 뾰족한 돌기가 있다.

생태 특징

어른벌레는 5월에서 7월까지 관찰된다. 주로 남해안의 활엽수림에서 발견되며 밤에 불빛에 날아온다. 우리나라에 서식하는 하늘소 중 장수하늘소 다음으로 큰 종이다.

국내 분포 중부지역의 일부와 남부지역에 분포한다.
국외 분포 중국, 일본, 대만, 인도에 분포한다.

소머리하늘소

Bumetopia oscitans Pascoe, 1856

형태 특징
크기 몸 길이는 9.0~15.0mm이다.

주요 형질 몸은 길쭉하고 양옆이 비교적 평행하나 딱지날개에서 가장 넓다. 전체적으로 검은색이며 광택이 있다. 머리는 앞쪽으로 좁아지며 큰턱이 크고 단단하다. 더듬이는 짧고 마지막 3마디가 확장되어 있다. 앞가슴등판은 머리보다 약간 넓고 가운데가 약간 솟아 있다. 딱지날개는 앞가슴등판보다 넓고 뚜렷한 점각렬이 있다.

생태 특징
어른벌레는 5월에서 7월에 관찰된다. 어른벌레는 매우 드물게 관찰되며, 해안가 근처의 해장죽, 신이대 등에서 발견된다.

국내 분포 제주도와 남해안의 일부 섬에서 발견된다.
국외 분포 일본, 중국, 대만, 홍콩에 분포한다.

넓적하늘소

Cephalallus unicolor (Gahan, 1906)

형태 특징
크기 몸 길이는 16~18mm이다.
주요 형질 몸은 길쭉하고 딱지날개의 뒤쪽으로 좁아지며, 약한 광택이 있다. 전체적으로 암갈색에서 황갈색이다. 더듬이는 수컷에서 딱지날개의 끝에 이르며, 암컷은 딱지날개의 중간을 조금 넘는다. 딱지날개에 4개의 세로 융기선이 있으나, 뚜렷하지 않다.

생태 특징
어른벌레는 6월에서 8월까지 관찰된다. 침엽수림에서 발견된다. 어른벌레는 밤에 불빛에 날아온다. 침엽수의 벌채목에 알을 낳으며, 애벌레로 겨울을 난다.

국내 분포 경기도, 강원도, 전라도, 제주도에 분포한다.
국외 분포 중국, 일본, 대만, 동양구에 분포한다.

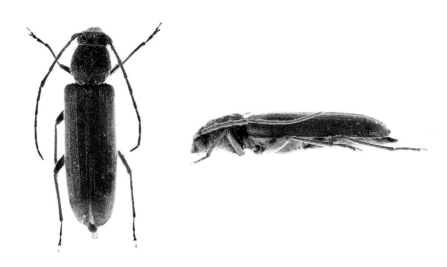

권하늘소

Doius divaricatus (Bates, 1884)

형태 특징

크기 몸 길이는 6~8mm이다.

주요 형질 몸은 길고 전체적으로 밝은 갈색이나, 앞가슴등판에 검은 세로 띠가 약하게 있다. 딱지날개에는 검은 무늬와 흰 점무늬가 흩어져 있다. 더듬이 각 마디의 기부는 밝은 색이다. 딱지날개의 끝은 뭉툭하며, 약간 톱날 모양이다.

생태 특징

어른벌레는 5월에서 8월까지 관찰된다. 주로 낮에 칡이나 죽은 활엽수에서 발견된다. 암컷은 층층나무 등에 알을 낳는다.

국내 분포 강원도, 울릉도, 제주도에 분포한다.

국외 분포 중국, 일본, 러시아, 대만에 분포한다.

꼬마하늘소

Egesina bifasciana (Matsushita, 1933)

형태 특징
크기 몸 길이는 3~5mm이다.

주요 형질 몸은 짧고 양옆이 거의 평행하다. 전체적으로 검은색이며, 딱지날개의 앞쪽과 끝쪽에 갈색의 띠무늬가 있다. 더듬이와 다리의 종아리마디, 발목마디는 갈색이다. 더듬이는 암수 모두에서 몸 길이보다 뚜렷이 길며, 털로 덮여 있다. 딱지날개의 끝은 둥글다.

생태 특징
어른벌레는 5월에서 7월까지 관찰된다. 활엽수의 고사목에서 쉽게 관찰되며, 주로 뽕나무 고사목에 자주 모인다. 애벌레로 겨울을 나며 4월까지 번데기가 된다.

국내 분포 전국적으로 분포한다.
국외 분포 중국, 일본, 러시아에 분포한다.

짧은날개범하늘소

Epiclytus ussuricus (Pic, 1933)

형태 특징
크기 몸 길이는 6~9mm이다.

주요 형질 몸은 길쭉하고 약한 광택이 있으며 딱지날개의 앞가장자리에서 가장 넓다. 전체적으로 검은색이고 딱지날개에 흰색의 '八' 무늬가 있고, 뒤쪽으로 회색의 띠무늬가 두 쌍있다. 더듬이의 길이는 수컷은 몸길이와 비슷하고, 암컷은 짧다. 앞가슴등판의 양옆은 둥글고 가운데에서 가장 넓다.

생태 특징
어른벌레는 5월에서 6월까지 관찰된다. 생태는 잘 알려지지 않았다.

국내 분포 중부지역에 분포한다.
국외 분포 러시아에 분포한다.

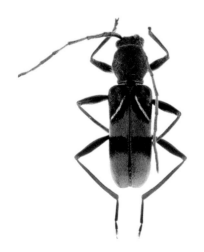

먹당나귀하늘소

Eumecocera callosicollis (Breuning, 1943)

형태 특징
크기 몸 길이는 9~12mm이다.
주요 형질 몸은 길고, 딱지날개의 앞가장자리에서 가장 넓으며 양옆이 거의 평행하다. 당나귀하늘소와 몸의 형태가 비슷하나 몸 전체가 검은색이다. 더듬이는 암수 모두에서 몸길이보다 뚜렷이 길다. 딱지날개의 끝은 둥글다.

생태 특징
어른벌레는 5월에서 6월까지 관찰된다. 다양한 참나무에서 발견되며 밤에 불빛에 날아오기도 한다.

국내 분포 중부지역에 분포한다.
국외 분포 중국, 러시아에 분포한다.

당나귀하늘소

Eumecocera impustulata (Motschulsky, 1860)

형태 특징

크기 몸 길이는 8~11mm이다.

주요 형질 몸은 길고 딱지날개의 앞가장자리에서 가장 넓으며, 양옆이 비교적 평행하다. 전체적으로 황녹색에서 청녹색이며, 앞가슴등판에 4개의 굵은 세로 줄무늬가 있다. 더듬이와 눈은 검은색이다. 앞가슴등판의 양옆에 뚜렷한 돌기가 없다. 딱지날개의 끝은 둥글다. 더듬이는 암수 모두에서 몸길이보다 뚜렷이 길다.

생태 특징

어른벌레는 5월에서 7월까지 관찰된다. 활엽수에서 발견되며, 낮에 먹이활동이나 짝짓기하는 모습이 관찰된다. 밤에 불빛에 날아오기도 한다.

국내 분포 전국적으로 분포한다.
국외 분포 중국, 일본, 러시아에 분포한다.

후박나무하늘소

Eupromus ruber (Dalman, 1817)

형태 특징
크기 몸 길이는 19~29mm이다.
주요 형질 몸은 길고 넓으며 딱지날개의 앞가장자리에서 가장 넓다. 전체적으로 붉은색이며 벨벳같은 털로 덮여 있다. 더듬이와 다리는 검은색이며 전체에 검은 점무늬가 있다. 더듬이는 암수 모두에서 몸길이보다 매우 길다. 앞가슴등판의 양옆에 뾰족한 돌기가 있다. 딱지날개에 검은 둥근 점무늬가 흩어져 있으며 끝이 둥글다.

생태 특징
어른벌레는 5월에서 7월에 관찰된다. 후박나무에서 발견되며 암컷은 살아있는 후박나무에 알을 낳는다. 어른벌레로 겨울을 난다.

국내 분포 남부의 일부 지역에 분포한다.
국외 분포 중국, 일본, 대만, 동양구에 분포한다.

녹색네모하늘소

Eutetrapha metallescens (Motschulsky, 1860)

형태 특징
크기 몸 길이는 12~17mm이다.
주요 형질 몸은 길쭉하고 광택이 있으며, 딱지날개의 앞가장자리에서 가장 넓다. 전체적으로 녹색이며, 더듬이, 눈, 다리는 검은색이다. 더듬이는 수컷은 몸길이보다 뚜렷이 길고, 암컷은 몸길이와 비슷하다. 앞가슴등판과 딱지날개에 검은 점과 줄무늬가 있다.

생태 특징
어른벌레는 5월에서 8월까지 관찰된다. 주로 활엽수의 고사목이나 벌채목에서 발견되며 밤에 불빛에 날아오기도 한다. 암컷은 다양한 활엽수의 고사목에 알을 낳는다.

국내 분포 전국적으로 분포한다.
국외 분포 중국, 러시아에 분포한다.

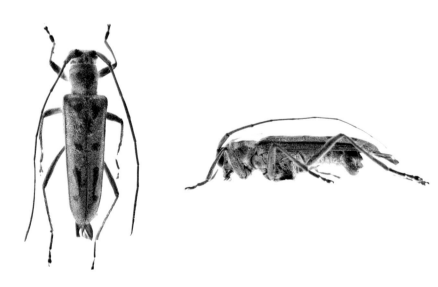

유리콩알하늘소

Exocentrus guttulatus Bates, 1873

형태 특징

크기 몸 길이는 5~9mm이다.

주요 형질 몸은 짧고 넓적하며 앞가슴등판의 앞가장자리에서 가장 넓고 약한 광택이 있다. 전체적으로 어두운 갈색이나 노란 털이 많다. 더듬이는 갈색이며 각 마디의 기부는 밝은 갈색이다. 앞가슴등판의 양옆에 뾰족한 돌기가 있다. 딱지날개에 노란털로 된 점무늬가 많으며 중앙에서 조금 뒤쪽에 노랑털로된 가로 띠무늬가 있다.

생태 특징

어른벌레는 6월에서 8월까지 관찰된다. 활엽수 벌채목에서 발견되며 밤에 불빛에도 잘 날아온다.

국내 분포 전국적으로 분포한다.
국외 분포 중국, 일본에 분포한다.

줄콩알하늘소

Exocentrus lineatus Bates, 1873

형태 특징

크기 몸 길이는 4~7mm이다.

주요 형질 몸은 짧고 비교적 넓적하며 약한 광택이 있다. 전체적으로 검은색에서 어두운 갈색이며 딱지날개에 세로로 노란털이 있으며, 더듬이와 다리는 갈색에서 밝은 갈색이다. 더듬이의 길이는 암수 모두에서 몸길이보다 뚜렷이 길다. 앞가슴등판의 양옆에 뾰족한 돌기가 있다.

생태 특징

어른벌레는 5월에서 8월까지 관찰된다. 주로 활엽수의 고사목에서 발견된다. 밤에 불빛에 잘 날아온다.

국내 분포 전국적으로 분포한다.

국외 분포 중국, 일본, 러시아에 분포한다.

흰점하늘소

Glenea relicta Pascoe, 1858

형태 특징
크기 몸 길이는 8~13mm이다.

주요 형질 몸은 길쭉하며 광택이 있다. 머리와 앞가슴등판, 더듬이는 검은색이고 딱지날개와 다리는 어두운 갈색에서 갈색이다. 더듬이의 길이는 암수 모두에서 몸길이보다 약간 길다. 머리와 앞가슴등판의 중앙에 흰색의 긴 세로 줄무늬가 있다. 딱지날개에는 흰 점무늬가 흩어져 있으며 끝은 뭉툭하고 뾰족한 돌기가 있다.

생태 특징
어른벌레는 5월에서 8월까지 관찰된다. 어른벌레는 낮에 느릅나무, 굴피나무 등에서 발견된다. 밤에 불빛에도 잘 날아온다.

국내 분포 강원도와 남부지역에 분포한다.
국외 분포 중국, 일본, 대만, 동양구에 분포한다.

측범하늘소

Hayashiclytus acutivittis (Kraatz, 1879)

형태 특징
크기 몸 길이는 12~18mm이다.

주요 형질 몸은 길고 가늘며 원통형이다. 전체적으로 검은 바탕이나 노란색이나 회백색 털이 촘촘해 노란색으로 보인다. 앞가슴등판에 검은 점이 있고, 딱지날개에 검은 세로 줄무늬가 있다. 더듬이의 길이는 수컷은 몸길이와 비슷하고, 암컷은 몸길이보다 짧다. 딱지날개의 끝은 뭉툭하고 다리는 길다.

생태 특징
어른벌레는 5월에서 7월까지 관찰된다. 어른벌레는 한낮에 흰꽃에서 쉽게 관찰된다. 활엽수 고사목이나 벌채목에도 모인다.

국내 분포 전국적으로 분포한다.
국외 분포 중국, 러시아에 분포한다.

우리목하늘소

Lamiomimus gottschei Kolbe, 1886

형태 특징

크기 몸 길이는 24~38mm이다.

주요 형질 몸은 두껍고 넓으며 많은 털로 덮여 있다. 전체적으로 검은색이며 노란색 털이 머리와 앞가슴등판, 딱지날개에 많이 있다. 더듬이는 두껍고 수컷은 몸길이보다 뚜렷이 길고, 암컷은 몸길이보다 약간 짧다. 앞가슴등판은 너비가 더 넓고 양옆에 뾰족한 돌기가 있다. 딱지날개의 끝은 둥글다. 가운데다리 종아리마디에 돌기가 있다.

생태 특징

어른벌레는 5월에서 8월까지 관찰된다. 활엽수에서 관찰되며 개체수가 많다. 참나무 벌채목에서 쉽게 발견된다.

국내 분포 전국적으로 분포한다.
국외 분포 중국, 러시아에 분포한다.

산황하늘소

Menesia albifrons Heyden, 1886

형태 특징
크기　몸 길이는 6~9mm이다.
주요 형질　몸은 길쭉한 원통형이며, 광택이 있다. 전체적으로 검은색이고 다리는 주황색에서 밝은 갈색이다. 딱지날개에 세로로 배열된 점무늬가 나타나기도 하지만 뚜렷하지 않다. 더듬이는 암수 모두에서 몸길이보다 길다. 딱지날개의 끝은 뭉툭하다.

생태 특징
어른벌레는 5월에서 7월까지 관찰된다. 활엽수에서 발견되며, 밤에 불빛에 날아오기도 한다.

국내 분포　중부지역에 분포한다.
국외 분포　러시아에 분포한다.

별황하늘소

Menesia sulphurata (Gebler, 1825)

형태 특징

크기 몸 길이는 6~10mm이다.

주요 형질 몸은 가늘고 길며, 딱지날개의 앞가장자리에서 가장 넓으나 비교적 양옆이 평행하다. 전체적으로 검은색이나 다리는 밝은 갈색이며, 머리, 앞가슴등판, 딱지날개에 노란색의 무늬가 있다. 더듬이는 암수 모두에서 몸길이보다 뚜렷이 길다. 앞가슴등판은 원통형이다. 딱지날개에 8개의 노란 점무늬가 있다.

생태 특징

어른벌레는 5월에서 7월까지 관찰된다. 활엽수에서 흔하게 발견된다. 해질녘에 주로 활발히 활동하며 밤에 불빛에 날아오기도 한다.

국내 분포 중부지역에 분포한다.

국외 분포 중국, 일본, 러시아, 카자흐스탄, 몽골, 대만에 분포한다.

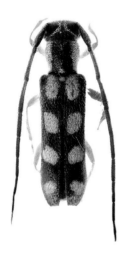

흰깨다시하늘소

Mesosa hirsuta Bates, 1884

형태 특징

크기 몸 길이는 10~18mm이다.

주요 형질 몸은 짧고 두꺼우며 광택이 있다. 전체적으로 어두운 갈색에서 갈색이고 흰색 털이 많으며 딱지날개에는 검은 점무늬가 있다. 더듬이의 길이는 수컷은 몸길이보다 뚜렷이 길며, 암컷은 몸길이와 비슷하다. 앞가슴등판은 원통형이다. 딱지날개의 끝은 둥글다.

생태 특징

어른벌레는 6월에서 9월까지 관찰된다. 어른벌레는 활엽수의 줄기나 벌채목에서 발견되고 밤에 불빛에 잘 날아온다. 애벌레로 겨울을 난다.

국내 분포 전국적으로 분포한다.

국외 분포 일본에 분포한다.

깨다시하늘소

Mesosa myops (Dalman, 1817)

형태 특징

크기 몸 길이는 10~18mm이다.

주요 형질 몸은 짧고 통통하다. 전체적으로 검은색이며, 노란색과 회백색의 털로 덮여 있다. 몸 전체에 검은색과 노란색의 점무늬가 흩어져 있다. 더듬이는 암수 모두에서 몸 길이보다 뚜렷이 길며, 각 마디의 기부는 노란색이다. 앞가슴등판의 앞쪽 1/3지점의 양옆에 돌기가 있다. 딱지날개의 끝은 둥글며, 끝 2/5지점에서 가장 넓다.

생태 특징

어른벌레는 4월에서 7월까지 관찰된다. 고사목에서 쉽게 관찰되며, 불빛에 잘 날아온다. 암 컷은 참나무 등의 고사목에 상처를 내고 알을 낳는다.

국내 분포 전국적으로 분포한다.

국외 분포 중국, 러시아, 대만, 카자흐스탄, 몽골, 핀란드, 라트비아, 폴란드, 스웨덴, 우크라이나에 분포한다.

좁쌀하늘소

Microlera ptinoides Bates, 1873

형태 특징
크기 몸 길이는 3~4mm이다.
주요 형질 몸은 작고 약간 원통형이며, 딱지날개의 뒤쪽 1/3지점에서 가장 넓다. 전체적으로 검은색이며 더듬이와 다리는 갈색이고 딱지날개의 앞가장자리 부근은 갈색이며 흰 무늬가 있다. 더듬이는 몸길이의 2배 가량이다. 앞가슴등판의 양옆은 둥글다. 딱지날개의 끝은 둥글다.

생태 특징
어른벌레는 5월에서 7월까지 관찰된다. 다양한 나무의 마른 가지에서 발견된다. 밤에 불빛에 날아오지 않는다.

국내 분포 중부와 남부의 일부지역에 분포한다.
국외 분포 일본, 러시아, 대만에 분포한다.

털두꺼비하늘소

Moechotypa diphysis (Pascoe, 1871)

형태 특징

크기 몸 길이는 17~25mm이다.

주요 형질 몸은 짧고 두꺼우며 아주 약한 광택이 있다. 전체적으로 어두운 갈색에서 갈색을 띠며, 더듬이 각 마디의 기부와, 종아리마디의 기부와 중간, 첫째에서 둘째 발목마디는 적갈색에서 밝은 갈색을 띤다. 더듬이의 길이는 수컷은 몸길이보다 뚜렷이 길며, 암컷은 몸길이와 비슷하다. 앞가슴등판의 양옆에 돌기가 있다. 딱지날개의 윗부분에 검은 털 뭉치가 있고, 작은 돌기가 딱지날개 전체에 있다.

생태 특징

어른벌레는 3월에서 10월까지 관찰된다. 어른벌레는 산지의 벌채목부터 도심까지 다양한 곳에서 쉽게 관찰된다. 암컷은 다양한 활엽수에 알을 낳는다.

국내 분포 전국적으로 분포한다.
국외 분포 중국, 러시아에 분포한다.

솔수염하늘소

Monochamus alternatus Hope, 1842

형태 특징

크기 몸 길이는 15~27mm이다.

주요 형질 몸은 다소 두껍고 약한 광택이 있다. 전체적으로 검은바탕에 활갈색 털로 덮여있다. 더듬이의 길이는 수컷은 몸길이의 3개에 이르며 암컷은 몸길이의 약 1.5배이다. 앞가슴등판에는 황갈색의 세로 줄무늬가 있으며 양옆에 뾰족한 돌기가 있다. 딱지날개에는 활갈색, 흰색, 검은색 점이 흩어져 있다.

생태 특징

어른벌레는 6월에서 9월까지 관찰된다. 주로 밤에 발견되며 소나무 벌채목에서 관찰된다. 밤에 불빛에 날아오기도 한다. 애벌레는 쇠약해진 침엽수나 그 벌채목을 가해하는 임업해충이다.

국내 분포 남부지역에 분포한다.
국외 분포 중국, 일본, 동양구에 분포한다.

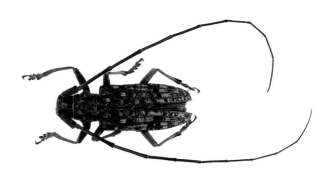

점박이수염하늘소

Monochamus guttulatus Gressitt, 1951

형태 특징
크기 몸 길이는 12~15mm이다.
주요 형질 몸은 길쭉하고 약한 광택이 있으며 딱지날개의 앞가장자리에서 가장 넓다. 전체적으로 어두운 녹색에서 갈색이며 딱지날개에 흰 점무늬가 있다. 더듬이의 길이는 수컷은 몸 길이의 약 3배이고 암컷은 2배이다. 앞가슴등판의 양옆에 뾰족한 돌기가 있다. 작은방패판은 밝은 갈색이고 딱지날개의 끝은 둥글다.

생태 특징
어른벌레는 6월에서 8월까지 관찰된다. 낮에 활엽수의 고사목이나 벌채목에서 발견된다. 밤에는 불빛에 날아온다.

국내 분포 전국적으로 분포한다.
국외 분포 중국, 러시아에 분포한다.

북방수염하늘소

Monochamus saltuarius (Gebler, 1830)

형태 특징

크기 몸 길이는 11~23mm이다.

주요 형질 몸은 다소 두껍다. 몸은 전체적으로 검은색이며, 앞가슴등판에 노란 점무늬가 있고 딱지날개에 노란 점무늬가 많이 있다. 더듬이는 수컷은 검은색이고 몸길이의 두배가 넘으며, 암컷은 각 마디의 기부가 회색이고 몸길이보다 약간 더 길다. 앞가슴등판의 양 옆에 뾰족한 돌기가 있다. 딱지날개의 끝은 둥글다.

생태 특징

어른벌레는 5월에서 8월까지 관찰된다. 침엽수림이나 혼합수림에서 발견되며, 주로 소나무 벌채목에서 관찰된다. 밤에 불빛에 잘 날아온다. 암컷은 살아있는 소나무의 약한 부분이나 죽은지 얼마 안 된 소나무에 구멍을 뚫고 알을 낳는다.

국내 분포 중부지역에 분포한다.

국외 분포 중국, 일본, 러시아, 카자흐스탄, 몽골, 유럽에 분포한다.

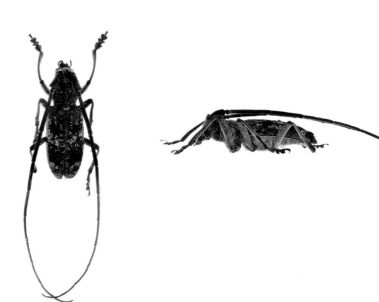

선두리하늘소

Nupserha marginella (Bates, 1873)

형태 특징
크기 몸 길이는 8~13mm이다.
주요 형질 몸은 길쭉한 원통형이며 광택이 있다. 머리와 첫째 더듬이 마디는 검은색이고 나머지는 노란색에서 주황색이다. 딱지날개의 옆가자리에 검은색의 세로 줄무늬가 있다. 더듬이는 암수 모두에서 몸길이보다 뚜렷이 길다.

생태 특징
어른벌레는 6월에서 7월까지 관찰된다. 산길이나 공터에서 발견된다.

국내 분포 전국적으로 분포한다.
국외 분포 중국, 일본, 러시아, 대만에 분포한다.

통사과하늘소

Oberea depressa Gebler, 1825

형태 특징

크기 몸 길이는 15~19mm이다.

주요 형질 몸은 가늘고 길며 약간 원통형이고, 딱지날개의 앞가장자리에서 가장 넓으며 끝으로 약간 좁아진다. 머리와 딱지날개의 가장자리는 검은색이며 앞가슴등판과 다리, 딱지날개의 일부는 주황색에서 밝은 갈색이다. 더듬이는 암수 모두에서 몸길이보다 뚜렷이 짧다. 앞가슴등판의 뒷가장자리에 검은 무늬가 있거나 없다. 딱지날개의 끝은 뭉툭하다. 다섯째 배마디배판에 검은 무늬가 거의 없다.

생태 특징

어른벌레는 5월에서 6월까지 관찰된다. 산지에서 발견되며 조팝나무 등에서 볼수 있다. 암컷은 살아있는 조팝나무의 가는 가지에 알을 낳는다.

국내 분포 전국적으로 분포한다.
국외 분포 중국, 러시아, 몽골에 분포한다.

홀쭉사과하늘소

Oberea fuscipennis (Chevrolat, 1852)

형태 특징

크기 몸 길이는 15~19mm이다.

주요 형질 몸은 가늘고 길며 광택이 있다. 전체적으로 주황색이며 눈과 더듬이는 검은색이고 딱지날개의 양옆은 검은색 등면은 전체적으로 검은 무늬가 있다. 둘째와 셋째 배마디배판은 검은색이고 나머지 배마디배판은 주황색이다. 더듬이의 길이는 수컷은 몸길이와 비슷하고, 암컷은 몸길이보다 뚜렷이 짧다. 앞가슴등판은 원통형이며 딱지날개는 가운데가 잘록하고, 끝이 뾰족하다.

생태 특징

어른벌레는 6월에서 8월까지 관찰된다. 어른벌레는 오후에 산의 능선에서 관찰되며 밤에 불빛에 날아오기도 한다.

국내 분포 전국적으로 분포한다.

국외 분포 중국, 일본, 대만, 동양구에 분포한다.

사과하늘소

Oberea inclusa Pascoe, 1858

형태 특징

크기 몸 길이는 12~19mm이다.

주요 형질 몸은 가늘고 길다. 머리와 더듬이, 딱지날개의 가장자리는 검은색이고 앞가슴등판과 다리는 주황색, 딱지날개는 적갈색에서 검은색이다. 더듬이는 딱지날개의 끝에 조금 못 미친다. 딱지날개의 끝은 뭉툭하다.

생태 특징

어른벌레는 5월에서 8월까지 관찰된다. 주로 싸리나무 주위에서 발견된다. 밤에 불빛에 날아 오기도 한다. 암컷은 싸리나무의 가지에 알을 낳는다.

국내 분포 전국적으로 분포한다.
국외 분포 중국에 분포한다.

두눈사과하늘소

Oberea oculata (Linnaeus, 1758)

형태 특징

크기 몸 길이는 16~18mm이다.

주요 형질 몸은 가늘고 길며 약간 원통형이고, 딱지날개의 앞가장자리에서 가장 넓으며 끝으로 약간 좁아진다. 머리와 딱지날개는 검은색이며 앞가슴등판과 다리는 붉은색에서 주황색이다. 더듬이는 암수 모두에서 몸길이보다 뚜렷이 짧다. 앞가슴등판의 등면에 한쌍의 뚜렷한 검은 점무늬가 있다. 딱지날개의 구멍은 뚜렷하고 끝은 뭉툭하다.

생태 특징

어른벌레는 5월에서 7월까지 관찰된다. 강가의 버드나무 등에서 발견된다. 한낮에 버드나무 줄기를 가해하는 모습을 볼 수 있다.

국내 분포 중부지역과 전라남도에 분포한다.

국외 분포 중국, 러시아, 이란, 이라크, 카자흐스탄, 시리아, 터키, 모로코, 유럽에 분포한다.

점박이염소하늘소

Olenecamptus clarus Pascoe, 1859

형태 특징

크기 몸 길이는 12~14mm이다.

주요 형질 몸은 긴원통형이며 양옆이 비교적 평행하나 딱지날개의 앞가장자리에서 가장 넓다. 전체적으로 흰색이며 더듬이와 다리는 갈색이다. 더듬이는 암수 모두에서 몸길이의 2배가 넘는다. 머리 가운데와 양옆에 검은 점이 있다. 앞가슴등판의 가운데에 세로줄이 있으며 양옆에 검은 점이 있다. 딱지날개에 4쌍의 검은 점무늬가 있으며 딱지날개봉합선 부분이 검다. 앞가슴등판은 원통형으로 양옆이 평행하다. 딱지날개의 끝은 뾰족하다.

생태 특징

어른벌레는 6월에서 8월까지 관찰된다. 뽕나무, 굴피나무 등에서 발견되며 암컷은 뽕나무의 가지에 알을 낳는다. 밤에 불빛에 날아온다.

국내 분포 전국적으로 분포한다.
국외 분포 중국, 일본, 러시아, 대만에 분포한다.

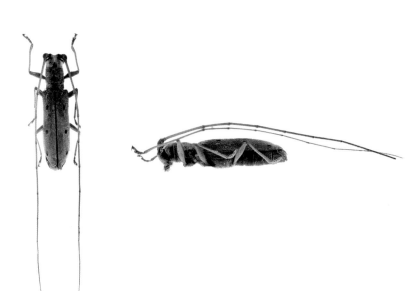

염소하늘소

Olenecamptus octopustulatus (Motschulsky, 1860)

형태 특징

크기 몸 길이는 8~12mm이다.

주요 형질 몸은 가늘고 길며 약한 광택이 있다. 전체적으로 갈색이며 앞가슴등판의 양쪽 가장자리에 긴 흰줄무늬가 있고 딱지날개에 4쌍의 흰 점무늬가 있다. 더듬이의 길이는 암수 모두에서 몸길이의 3배가 넘는다. 앞가슴등판의 너비는 머리와 비슷하며 양옆이 평행하다. 딱지날개는 앞가슴등판보다 약간 넓으며 끝이 둥글다.

생태 특징

어른벌레는 5월에서 7월까지 관찰된다. 낮은 산지의 활엽수에서 관찰되나 낮에는 잘 보이지 않는다. 밤에 불빛에 날아온다.

국내 분포 전국적으로 분포한다.

국외 분포 중국, 일본, 러시아, 몽골에 분포한다.

모시긴하늘소

Paraglenea fortunei (Saunders, 1853)

형태 특징
크기 몸 길이는 9~13mm이다.
주요 형질 몸은 길고, 딱지날개의 앞가장자리에서 가장 넓으며, 끝으로 갈수록 좁아진다.
전체적으로 검은색이나 앞가슴등판은 황녹색에 크고 둥근 검은 점무늬가 있으며, 딱지날개의
앞쪽에는 한쌍의 황녹색 무늬가 있고 중간에서 뒤쪽으로 넓은 황록색 띠무늬가 한 쌍있다.
더듬이는 암수 모두에서 몸길이보다 뚜렷이 길다.

생태 특징
어른벌레는 5월에서 7월까지 관찰된다. 무궁화, 모시풀 등에서 잎을 먹는 모습이 발견된다.
불빛에 날아오지 않는다.

국내 분포 주로 남부지역에 분포한다.
국외 분포 중국, 일본, 대만, 동양구에 분포한다.

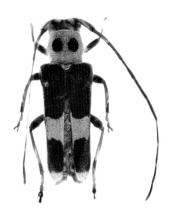

국화하늘소

Phytoecia rufiventris Gautier des Cottes, 1870

형태 특징

크기 몸 길이는 6~9mm이다.

주요 형질 몸은 길고 머리와 앞가슴등판의 너비가 비슷하다. 전체적으로 검은색이며, 앞가슴등판에 빨간 점이 있고, 배와 다리의 밑마디부터 종아리마디의 중간까지는 적갈색을 띤다. 더듬이는 딱지날개의 끝까지 이른다.

생태 특징

어른벌레는 4월에서 5월까지 관찰된다. 주로 쑥에서 관찰되며, 개체수가 매우 많다. 국화과 식물에 알을 낳는다. 애벌레는 줄기에 터널을 뚫고 산다.

국내 분포 전국적으로 분포한다.
국외 분포 중국, 일본, 대만, 몽골, 러시아에 분포한다.

소범하늘소

Plagionotus christophi (Kraatz, 1879)

형태 특징

크기 몸 길이는 11~16mm이다.

주요 형질 몸은 길고 약간 원통형이며, 딱지날개의 앞가장자리에서 가장 넓으며 끝으로 약간 좁아진다. 머리와 앞가슴등판은 검고, 앞가슴등판의 앞가장자리에 노란 줄이 있으며, 딱지날개는 검고 앞가장자리에 어두운 갈색의 띠무늬가 있으며 뒤쪽으로 노란점과 줄무늬가 있다. 더듬이와 다리는 갈색이고, 넓적다리마디는 검은색이다. 더듬이는 수컷은 몸길이와 비슷하고, 암컷은 몸보다 뚜렷이 짧다. 앞가슴등판은 너비가 더 넓은 타원형이다.

생태 특징

어른벌레는 4월에서 6월까지 관찰된다. 활엽수나 그 벌채목에서 쉽게 관찰되며 개체수가 많다. 밤에 불빛에 날아오기도 한다. 암컷은 참나무 고사목에 알을 낳는다.

국내 분포 전국적으로 분포한다.
국외 분포 중국, 일본, 러시아에 분포한다.

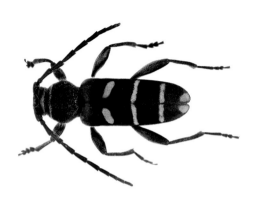

작은소범하늘소

Plagionotus pulcher (Blessig, 1872)

형태 특징

크기 몸 길이는 10~18mm이다.

주요 형질 몸은 두껍고 길쭉하며 약한 광택이 있다. 전체적으로 검은색이나 머리는 노란털로 덮여 있으며, 앞가슴등판의 중앙에 노란 가로 줄무늬가 있고, 딱지날개에 노란색 무늬가 있다. 앞가슴등판의 너비가 더 넓으며 타원형이다. 딱지날개의 끝은 둥글다.

생태 특징

어른벌레는 5월에서 8월까지 관찰된다. 산지의 활엽수 벌채목에서 발견된다. 불빛에 잘 날아온다.

국내 분포 중부지역에 분포한다.

국외 분포 중국, 일본, 러시아에 분포한다.

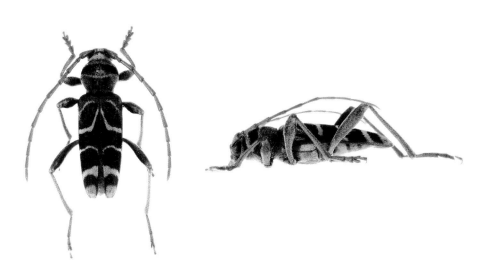

닮은새똥하늘소

Pogonocherus fasciculatus (DeGeer, 1775)

형태 특징

크기 몸 길이는 5~7mm이다.

주요 형질 몸은 짧고, 딱지날개의 앞가장자리에서 가장 넓으며, 끝으로 약간 좁아진다. 전체적으로 털로 덮여 있으며, 갈색을 띠고 딱지날개에 넓은 회색무늬와 검은 점들이 있다. 더듬이는 몸보다 약간 더 길다. 앞가슴등판의 양옆에 뾰족한 돌기가 있다. 종아리마디는 밝은 갈색이다. 딱지날개의 끝에 가시가 없다.

생태 특징

어른벌레는 4월에서 7월까지 관찰된다. 강원도와 경상도의 극히 일부지역에서 매우 드물게 관찰되며 어른벌레는 침엽수에 모인다.

국내 분포 강원도와 경상도의 일부지역에 분포한다.

국외 분포 러시아, 카자흐스탄, 몽골, 터키, 유럽에 분포한다.

새똥하늘소

Pogonocherus seminiveus Bates, 1873

형태 특징
크기 몸 길이는 6~8mm이다.
주요 형질 몸은 짧고 약간 광택이 있다. 전체적으로 검은색이며, 많은 털로 덮여있다. 딱지날개의 앞쪽 절반은 흰색이고 나머지는 검은색이다. 더듬이의 길이는 암수 모두에서 몸길이보다 길다. 딱지날개의 끝에 가시가 있다.

생태 특징
어른벌레는 2월에서 7월까지 관찰된다. 두릅나무에서 발견되며 국내의 하늘소 중 가장 먼저 활동하는 종이다.

국내 분포 전국적으로 분포한다.
국외 분포 중국, 일본에 분포한다.

울도하늘소

Psacothea hilaris (Pascoe, 1864)

형태 특징
크기 몸 길이는 14~30mm이다.
주요 형질 몸은 길쭉하고 광택이 있다. 전체적으로 어두운 녹색이며 머리 가운데에 노란 세로 줄이 있으며, 앞가슴등판의 양옆에 노란 줄과 점무늬가 있고, 딱지날개에는 크기가 다양한 노란 점무늬가 여러개 있다. 더듬이의 길이는 수컷은 몸길이의 3배, 암컷은 몸길이의 2배 정도 이다. 딱지날개의 끝은 둥글다.

생태 특징
어른벌레는 7월에서 10월까지 관찰된다. 뽕나무에서 발견된다. 울릉도에서 처음 발견되어 울도하늘소라는 이름이 붙었으나 최근 강원도와 경상도에서도 발견되고 있다. 멸종위기야생동식물 2급으로 지정되었다 개체수가 많아져 최근 해제되었다.

국내 분포 강원도, 경상도에 분포한다.
국외 분포 중국, 일본, 대만, 동양구에 분포한다.

원통하늘소

Pseudocalamobius japonicus (Bates, 1873)

형태 특징
크기 몸 길이는 7~12mm이다.

주요 형질 몸은 긴원통형이다. 전체적으로 어두운 갈색이며 종아리마디와 발목마디는 밝은 갈색이다. 더듬이는 매우 길어 암수 모두에서 몸길이의 3배가 넘는다. 앞가슴등판은 길이가 더 길고 양옆이 평행하다. 딱지날개의 너비는 앞가슴등판보다 약간 더 넓고 양옆이 평행하다.

생태 특징
어른벌레는 7월에서 10월까지 관찰된다. 주로 뽕나무의 가지에서 발견된다. 불빛에 날아온다.

국내 분포 전국적으로 분포한다.

국외 분포 중국, 일본, 러시아, 대만에 분포한다.

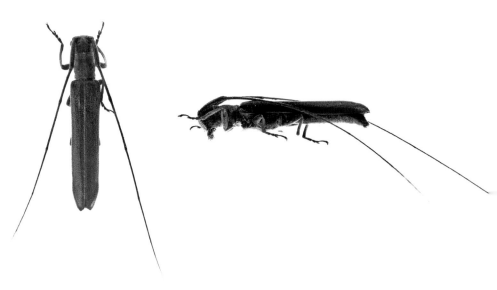

큰곰보하늘소

Pterolophia annulata (Chevrolat, 1845)

형태 특징
크기 몸 길이는 9~15mm이다.
주요 형질 몸은 짧고 두껍다. 전체적으로 어두운 갈색이고 딱지날개의 중앙에 넓은 회백색의
가로 띠무늬가 있다. 더듬이는 두껍고 암수 모두에서 몸길이를 넘지 않는다. 앞가슴등판은
원통형이다.

생태 특징
어른벌레는 5월에서 8월까지 관찰된다. 어른벌레는 활엽수 고사목에서 발견된다. 애벌레로 겨
울을 나며 불빛에 날아온다.

국내 분포 전국적으로 분포한다.
국외 분포 중국, 일본, 대만, 인도에 분포한다.

흰점곰보하늘소

Pterolophia granulata (Motschulsky, 1886)

형태 특징
크기 몸 길이는 7~10mm이다.
주요 형질 몸은 짧고 두꺼우며 광택이 있다. 전체적으로 검은색에서 어두운 갈색, 또는 갈색이며 노란색 털이 많다. 더듬이는 비교적 짧고 각 마디의 기부는 밝은 갈색에서 회백색이다. 딱지날개의 끝에 하얀색과 밝은 갈색의 넓은 띠무늬가 있다.

생태 특징
어른벌레는 4월에서 7월까지 관찰된다. 어른벌레는 다양한 고사목이나 벌채목에서 발견된다.

국내 분포 전국적으로 분포한다.
국외 분포 중국, 대만에 분포한다.

꼬마긴다리범하늘소

Rhaphuma diminuta (Bates, 1873)

형태 특징
크기 몸 길이는 4~8mm이다.

주요 형질 몸은 작고 길쭉하며 약간 광택이 있다. 전체적으로 검은색이며 앞가슴등판은 회색빛이 촘촘히 있다. 딱지날개에 흰색 줄무늬가 있다. 더듬이의 길이는 수컷은 몸길이와 비슷하고, 암컷은 절반에 이른다. 앞가슴등판은 둥글고 가운데에서 가장 넓다. 딱지날개의 너비는 앞가슴등판과 비슷하고 끝은 뭉툭하다.

생태 특징
어른벌레는 4월에서 7월까지 관찰된다. 어른벌레는 낮에 흰꽃에서 발견된다. 밤에 불빛에 날아오는 경우도 있다. 암컷은 활엽수의 고사목에 알을 낳는다.

국내 분포 전국적으로 분포한다.
국외 분포 중국, 러시아에 분포한다.

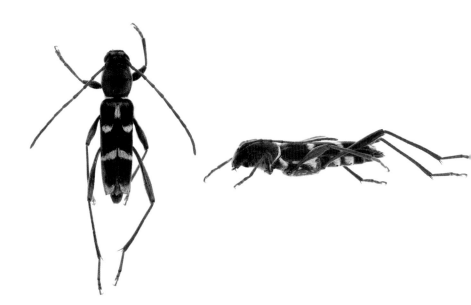

긴다리범하늘소

Rhaphuma gracilipes (Faldermann, 1835)

형태 특징

크기 몸 길이는 6~11mm이다.

주요 형질 몸은 길다. 전체적으로 검은색이며, 머리와 앞가슴등판에 회백색의 털이 촘촘하고 딱지날개의 앞모서리 부근에 흰 점이 두 개 있으며, 밑에 흰색 무늬와 띠가 있다. 딱지날개의 끝은 뭉툭하다.

생태 특징

어른벌레는 5월에서 7월까지 관찰된다. 주로 낮에 칡이나 죽은 활엽수에서 발견된다. 암컷은 층층나무 등에 알을 낳는다.

국내 분포 전국적으로 분포한다.

국외 분포 중국, 러시아, 카자흐스탄, 몽골, 벨라루스, 폴란드에 분포한다.

무늬곤봉하늘소

Rhopaloscelis unifasciatus Blessig, 1873

형태 특징
크기 몸 길이는 5~9mm이다.

주요 형질 몸은 길고 약간 원통형이며, 딱지날개의 앞가장자리에서 가장 넓고 뒤쪽으로 약간 좁아진다. 전체적으로 검은색이나 더듬이와 종아리마디, 딱지날개에 회백색의 털이 있다. 더듬이는 암수 모두에서 몸길이보다 뚜렷이 길다. 앞가슴등판에 뒷옆을 향하는 뾰족한 돌기가 있다.

생태 특징
어른벌레는 4월에서 7월까지 관찰된다. 활엽수림에서 관찰되며 밤에 불빛에 날아오기도 한다. 암컷은 활엽수 고사목에 작은 구멍을 뚫고 알을 낳는다. 어른벌레로 겨울을 지낸다.

국내 분포 전국적으로 분포한다.
국외 분포 중국, 일본, 러시아, 카자흐스탄, 몽골에 분포한다.

우리하늘소

Ropica coreana Breuning, 1980

형태 특징

크기 몸 길이는 6~8mm이다.

주요 형질 몸은 짧고 넓적하며 딱지날개에서 가장 넓다. 전체적으로 갈색이다. 더듬이는 수컷은 몸길이보다 뚜렷이 길고, 암컷은 몸길이와 비슷하다. 앞가슴등판은 짧은 원통형이다. 딱지날개는 양옆이 평행하고 딱지날개에 번개모양의 흰 무늬가 있으며 끝이 뾰족하다.

생태 특징

어른벌레는 5월에서 7월까지 관찰된다. 어른벌레는 칡 등의 고사목에서 발견되며 개체수가 많다. 예덕나무에서도 흔히 발견된다.

국내 분포 전국적으로 분포한다.

국외 분포 중국, 일본, 대만, 부탄, 네팔, 인도, 동양구에 분포한다.

무늬박이긴하늘소
Saperda interrupta Gebler, 1825

형태 특징
크기 몸 길이는 9~12mm이다.
주요 형질 몸은 길고, 딱지날개의 앞가장자리에서 가장 넓으며, 양옆이 비교적 평행하다. 전체적으로 노란색이나 머리의 앞부분과 앞가슴등판, 딱지날개에 검은색 무늬가 있다. 더듬이는 수컷은 몸길이보다 약간 길고, 암컷은 몸길이와 비슷하다. 딱지날개의 끝은 둥글다.

생태 특징
어른벌레는 5월에서 8월까지 관찰된다. 엽수림에서 발견되며 주로 고산지대에서 보인다. 한낮보다는 해질녘에 많이 발견되며, 밤에 불빛에 날아오기도 한다.

국내 분포 전국적으로 분포한다.
국외 분포 중국, 일본, 러시아에 분포한다.

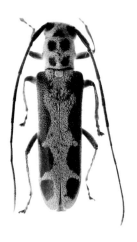

만주팔점긴하늘소

Saperda subobliterata Pic, 1910

형태 특징
크기 몸 길이는 10~15mm이다.
주요 형질 몸은 길고 원통형이며, 딱지날개의 앞가장자리에서 가장 넓고 끝으로 약간 좁아진다. 전체적으로 어두운 녹색에서 회백색을 띤다. 더듬이는 암수 모두에서 몸길이와 비슷하거나 약간 더 길다. 앞가슴등판에 4개의 검은 점무늬가 있으며, 딱지날개에 4쌍의 검은 점무늬가 있다. 딱지날개의 끝은 둥글다.

생태 특징
어른벌레는 5월에서 8월까지 관찰된다. 활엽수의 벌채목에서 발견된다. 밤에 불빛에 날아오기도 한다. 암컷은 참나무의 고사목에 알을 낳는다.

국내 분포 중부지역에 분포한다.
국외 분포 중국, 일본, 러시아에 분포한다.

노란팔점긴하늘소

Saperda tetrastigma Bates, 1879

형태 특징
크기 몸 길이는 11~15mm이다.
주요 형질 몸은 길쭉하고 양옆이 다소 평행하다. 머리와 앞가슴등판은 녹색을 띠는 노란색에서 어두운 녹색이며, 딱지날개는 황록색이고 더듬이와 다리는 검은색이다. 앞가슴등판에 6개의 검은 점무늬가 있다. 딱지날개에 8개의 검은 점무늬가 있다. 더듬이는 수컷은 몸길이보다 뚜렷이 길고, 암컷은 몸길이와 비슷하다. 딱지날개의 앞가장자리는 앞가슴등판보다 뚜렷이 넓고 끝은 둥글다.

생태 특징
어른벌레는 5월에서 8월까지 관찰된다. 주로 낮에 다래덩굴에서 발견된다. 암컷은 죽은 다래 덩굴 줄기에 알을 낳는다.

국내 분포 전국적으로 분포한다.
국외 분포 일본, 대만에 분포한다.

삼하늘소

Thyestilla gebleri (Faldermann, 1835)

형태 특징
크기 몸 길이는 10~15mm이다.
주요 형질 몸은 약간 광택이 있다. 전체적으로 검은색이며, 많은 털로 덮여있다. 앞가슴등판과 딱지날개의 중앙과 양옆에 회백색의 세로 줄무늬가 있다. 더듬이 각 마디의 기부 부근은 회백색이다. 더듬이의 길이는 암컷은 몸길이보다 약간 짧거나 비슷하고, 수컷은 더 길다.

생태 특징
어른벌레는 5월에서 7월까지 관찰된다. 쑥, 삼, 개망초 등지에서 발견된다. 암컷은 기주식물의 줄기에 알을 낳는다.

국내 분포 전국적으로 분포한다.
국외 분포 중국, 일본, 러시아, 대만에 분포한다.

화살하늘소

Uraecha bimaculata Thomson, 1864

형태 특징

크기 몸 길이는 15~25mm이다.

주요 형질 몸은 길쭉하고 약간 광택이 있다. 전체적으로 갈색에서 황갈색이나 개체 변이가 있다. 더듬이의 길이는 암수 모두에서 몸길이의 2배가 넘는다. 앞가슴등판의 양옆에 뾰족한 돌기가 있다. 딱지날개의 중앙에 어두운 갈색의 큰 점무늬가 있으며 끝은 뭉툭하고 뾰족한 돌기가 있다.

생태 특징

어른벌레는 6월에서 9월까지 관찰된다. 어른벌레는 활엽수에서 발견되며 밤에 불빛에 날아온다. 암컷은 죽어가는 활엽수에 알을 낳는다.

국내 분포 전국적으로 분포한다.
국외 분포 일본, 대만에 분포한다.

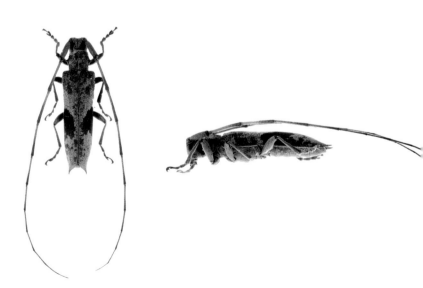

벼뿌리잎벌레

Donacia provostii Fairmaire, 1885

형태 특징
크기 몸 길이는 6.0~6.8mm이다.
주요 형질 몸은 가늘고 길며 위아래로 약간 편평하다. 전체적으로 구릿빛을 띠는 녹색에서 청동색이다. 더듬이는 적갈색, 다리는 어두운 갈색이다. 머리는 앞가슴등판보다 약간 좁으며 눈은 매우 크고 돌출되어 있다. 겹눈 사이에는 긴 세로홈이 있다. 앞가슴등판은 원통형이며 너비와 길이가 비슷하고 딱지날개의 앞가장자리보다 뚜렷이 좁다. 딱지날개에는 점각렬이 뚜렷하다.

생태 특징
관찰 시기 어른벌레는 6월에서 8월에 관찰된다.
주요 습성 어른벌레는 6월 말에 관찰되며, 마름과 같은 수생식물의 잎을 먹고 산란한다.

국내 분포 전국적으로 분포한다.
국외 분포 일본, 중국, 러시아, 인도네시아에 분포한다.

혹가슴잎벌레

Zeugophora annulata (Baly, 1873)

형태 특징
크기 몸 길이는 4.2~4.8mm이다.

주요 형질 몸은 긴타원형이며 위아래로 볼록하다. 전체적으로 갈색에서 적갈색 또는 어두운 갈색이며, 머리 정수리에 어두운 갈색의 둥근 무늬가 있고, 셋째에서 열한째 더듬이마디는 어두운 갈색이다. 앞가슴등판의 가운데는 역삼각형의 검은 무늬가 있고, 딱지날개의 날개봉합선 부분에 세로로 긴 검은 무늬가 있으며 뒤쪽으로 검은 둥근 무늬가 있다.

생태 특징
어른벌레는 4월에서 8월에 관찰된다. 어른벌레의 형태로 겨울을 나고 4월말부터 관찰된다. 노박나무, 화살나무, 회나무 등을 먹이로 한다.

국내 분포 제주도를 제외한 전국에 분포한다.
국외 분포 일본, 중국, 러시아, 시베리아에 분포한다.

아스파라가스잎벌레

Crioceris quatuordecimpunctata (Scopoli, 1763)

형태 특징
크기 몸 길이는 6~7mm이다.
주요 형질 몸은 길쭉하다. 전체적으로 적갈색이다. 앞가슴등판에는 원통형으로 5개의 검은 점이 있다. 딱지날개에도 검은 무늬가 있다.

생태 특징
어른벌레는 5월에서 6월까지 관찰된다. 아스파라가스의 해충으로 알려져 있다.

국내 분포 전국적으로 분포한다
국외 분포 중국, 일본, 대만, 러시아, 카자흐스탄, 유럽에 분포한다.

점박이큰벼잎벌레

Lema adamsii Baly, 1865

형태 특징
크기 몸 길이는 5.4~6.2mm이다.
주요 형질 몸은 길쭉하다. 전체적으로 노란색을 띠며 눈, 더듬이는 검은색이다. 앞가슴등판에 4개의 검은 점이 있다. 딱지날개에 4개의 검은 점이 있으며, 뒤쪽 2개가 더 크다.

생태 특징
어른벌레는 4월에서 9월까지 관찰된다. 어른벌레로 월동하여 4월에 참마잎에서 관찰된다. 비행성이 좋아 잘 날아다닌다.

국내 분포 전국적으로 분포한다.
국외 분포 중국, 일본에 분포한다.

배노랑긴가슴잎벌레

Lema concinnipennis Baly, 1865

형태 특징

크기 몸 길이는 5.0~6.5mm이다.

주요 형질 몸은 길쭉하며 위아래로 볼록하다. 전체적으로 청색 또는 어두운 청색이다. 머리, 더듬이, 다리는 청색에서 어두운 청색이다. 배는 검은색 또는 어두운 청색이나 배마디 마지막 3마디는 갈색이다. 머리 정수리에 뚜렷한 구멍과 세로 홈이 있다. 더듬이는 딱지날개의 앞가장자리를 조금 넘는다. 앞가슴등판은 머리의 너비와 비슷하며 딱지날개 앞가장자리보다 뚜렷이 좁다. 가운데에서 강하게 수축되어 있다. 딱지날개는 뒤쪽으로 좁아진다.

생태 특징

어른벌레는 5월에서 8월에 관찰된다. 어른벌레의 형태로 겨울을 나고 4월말부터 관찰된다.

국내 분포 전국적으로 분포한다.

국외 분포 일본, 중국, 대만, 러시아, 필리핀에 분포한다.

쑥갓잎벌레

Lema cyanella (Linnaeus, 1758)

형태 특징
크기 몸 길이는 5~6.5mm이다.
주요 형질 몸은 길쭉하다. 몸은 전체적으로 청색에서 어두운 청색이다. 배는 검은색 또는 어두운 청색이나, 마지막 배마디 세개는 갈색이다. 딱지날개의 점각은 11줄로 규칙적이고 뚜렷하다.

생태 특징
어른벌레는 5월에서 9월까지 관찰된다. 알려지지 않았다.

국내 분포 전국적으로 분포한다.
국외 분포 중국, 러시아, 몽골, 카자흐스탄, 유럽, 신북구에 분포한다.

열점박이잎벌레

Lema decempunctata Gebler, 1830

형태 특징

크기 몸 길이는 4.5~6mm이다.

주요 형질 몸은 길쭉하다. 머리와 앞가슴등판은 검은색이고 딱지날개는 갈색이다. 딱지날개에 검은 무늬가 있으나, 없는 개체도 많다. 딱지날개의 점각은 11줄로 규칙적이다.

생태 특징

어른벌레는 3월에서 11월까지 관찰된다. 어른벌레는 월동 후 3월 하순에 구기자나무 잎에 나타나 가해한다. 애벌레는 5월 중하순에 땅속에 들어가 번데기가 된다.

국내 분포 제주도를 제외한 전국에 분포한다.

국외 분포 중국, 일본, 러시아, 몽골, 카자흐스탄에 분포한다.

홍줄큰벼잎벌레

Lema delicatula Baly, 1873

형태 특징
크기 몸 길이는 4.3~4.5mm이다.
주요 형질 몸은 길쭉하다. 머리는 검은색이고 앞가슴등판과 다리는 적갈색이다. 딱지날개는
청남색이며, 중앙에 넓은 적갈색 띠무늬가 있다. 딱지날개의 점각은 11줄로 규칙적이고
뚜렷하다.

생태 특징
어른벌레는 4월에서 9월까지 관찰된다. 어른벌레로 월동하여 4월 하순에서 5월 초순에 닭의
장풀에서 발견된다. 비행성이 좋아 잘 날아다닌다.

국내 분포 제주도를 제외한 전국에 분포한다.
국외 분포 중국, 일본에 분포한다.

홍점이마벼잎벌레

Lema dilecta Baly, 1873

형태 특징
크기 몸 길이는 4.2~8mm이다.
주요 형질 몸은 길쭉하다. 몸은 전체적으로 청색에서 어두운 청색이며, 다리는 적갈색이다.
정수리에 붉은 무늬가 있다. 딱지날개의 점각은 11줄로 규칙적이고 뚜렷하다.

생태 특징
어른벌레는 6월에서 8월까지 관찰된다. 생태는 잘 알려지지 않았다.

국내 분포 제주도를 제외한 전국에 분포한다.
국외 분포 일본에 분포한다.

적갈색긴가슴잎벌레

Lema diversa Baly, 1873

형태 특징
크기 몸 길이는 5~6.2mm이다.
주요 형질 몸은 길쭉하다. 전체적으로 적갈색에서 황갈색이다. 더듬이와 다리는 검은색이다.
딱지날개의 점각은 11줄로 규칙적이고 뚜렷하다.

생태 특징
어른벌레는 4월에서 8월까지 관찰된다. 4월 중순에 닭의장풀에서 월동한 어른벌레가 발견된
다. 유생기간은 약 3주 정도이며, 애벌레는 2주일만에 종령이 되어 땅속에서 번데기를 튼다.

국내 분포 전국적으로 분포한다.
국외 분포 중국, 일본, 러시아에 분포한다.

주홍배큰벼잎벌레

Lema fortunei Baly, 1859

형태 특징
크기 몸 길이는 6~8.2mm이다.
주요 형질 몸은 길쭉하고 딱지날개의 앞가장자리에서 뒤쪽 1/3지점까지 가장 넓다. 머리와 앞가슴등판은 붉은색이며 딱지날개는 청색에서 남청색이다. 배의 가장자리는 적갈색이마 첫째 배마디배판과 가운데와 뒷가슴배판은 검은색이다. 앞가슴등판은 원통형이고 딱지날개의 앞가장자리보다 뚜렷이 좁다.

생태 특징
어른벌레는 5월에서 8월에 관찰된다. 생태는 잘 알려지지 않았다.

국내 분포 중부와 남부지역에 분포한다.
국외 분포 중국, 일본, 대만에 분포한다.

붉은가슴잎벌레

Lema honorata (Baly, 1873)

형태 특징
크기 몸 길이는 5~6mm이다.
주요 형질 몸은 길쭉하다. 머리와 앞가슴등판은 적색이고 딱지날개는 남색이다. 광택이 강하다. 배는 검은색이다. 딱지날개의 점각은 10줄로 뚜렷하다.

생태 특징
어른벌레는 5월에서 10월까지 관찰된다. 어른벌레는 참마를 먹는다.

국내 분포 제주도를 제외한 전국에 분포한다.
국외 분포 중국, 일본, 대만에 분포한다.

백합긴가슴잎벌레

Lilioceris merdigera (Linnaeus, 1758)

형태 특징

크기 몸 길이는 7~9mm이다.

주요 형질 몸은 길고 전체적으로 붉은색이다. 더듬이는 비교적 짧다. 앞가슴등판의 중앙에 세로 홈이 있다. 딱지날개의 점각은 뚜렷하다.

생태 특징

어른벌레는 5월에서 6월까지 관찰된다. 어른벌레로 겨울을 나며, 봄에 백합과 식물의 잎을 먹는다. 애벌레는 배설물을 등에 묻히고 다닌다.

국내 분포 전국적으로 분포한다.

국외 분포 중국, 일본, 대만, 러시아, 카자흐스탄, 네팔에 분포한다.

등빨간긴가슴잎벌레

Lilioceris scapularis (Baly, 1859)

형태 특징
크기 몸 길이는 8.5~9.5mm이다.
주요 형질 몸은 길고 배는 뚱뚱하다. 전체적으로 광택이 있는 검은색이며, 딱지날개의 앞쪽에 주황색의 무늬가 있다. 더듬이는 짧다. 딱지날개는 끝으로 좁아지며, 점각이 촘촘하다.

생태 특징
어른벌레는 5월에서 8월까지 관찰된다. 어른벌레는 풀밭이나 산에서 관찰된다.

국내 분포 제주도를 제외한 전국에 분포한다.
국외 분포 중국, 일본, 러시아에 분포한다.

고려긴가슴잎벌레

Lilioceris sieversi Heyden, 1887

형태 특징

크기 몸 길이는 8~8.5mm이다.

주요 형질 몸은 길고 원통형이며 딱지날개에서 가장 넓다. 머리와 딱지날개는 어두운 남색이고, 앞가슴등판은 적갈색이다. 광택이 강하다. 딱지날개는 끝으로 좁아지며, 점각이 있다.

생태 특징

어른벌레는 5월에서 8월까지 관찰된다. 어른벌레는 산이나 숲 속의 마 줄기에서 여러마리가 관찰되며, 나무껍질 밑에서 어른벌레로 겨울잠을 잔다.

국내 분포 전국적으로 분포한다.

국외 분포 중국, 러시아에 분포한다.

갈색벼잎벌레

Oulema atrosuturalis (Pic, 1923)

형태 특징

크기 몸 길이는 3~3.5mm이다.

주요 형질 몸은 길쭉하다. 전체적으로 밝은 갈색이나, 더듬이, 딱지날개의 가장자리와 봉합선은 검은색이다. 딱지날개는 끝으로 점점 좁아진다. 딱지날개의 점각은 11줄로 규칙적이고 뚜렷하다.

생태 특징

어른벌레는 5월에서 10월까지 관찰된다. 어른벌레로 월동하여 5월 중순에 나타난다. 번데기는 땅속에서 튼다.

국내 분포 남부지역에 분포한다.

국외 분포 중국, 일본, 대만에 분포한다.

벼잎벌레

Oulema oryzae (Kuwayama, 1931)

형태 특징
크기 몸 길이는 4~4.5mm이다.
주요 형질 몸은 길쭉하다. 머리는 검은색이고 앞가슴등판과 다리는 적갈색이며, 딱지날개는 암청색이다. 딱지날개의 점각은 뚜렷하다.

생태 특징
어른벌레는 5월에서 8월까지 관찰된다. 어른벌레로 월동하여 5월에 나타난다. 벼 해충으로 알려져 있다.

국내 분포 전국적으로 분포한다.
국외 분포 중국, 일본, 대만, 러시아에 분포한다.

넉점박이큰가슴잎벌레

Clytra arida Weise, 1889

형태 특징

크기 몸 길이는 약 8mm이다.

주요 형질 몸은 원통형으로 비교적 짧다. 머리, 앞가슴등판, 다리는 검은색이다. 딱지날개는 적갈색이며, 4개의 검은 점무늬가 있으나 개체에 따라 없기도 하다. 광택이 있다. 딱지날개의 점각은 조밀하다.

생태 특징

어른벌레는 5월에서 10월까지 관찰된다. 어른벌레는 자작나무, 버드나무 등을 먹는다. 산지의 초원에서 발견되며 생활사는 불분명하다.

국내 분포 제주도를 제외한 전국에 분포한다.

국외 분포 중국, 일본, 러시아, 몽골, 카자흐스탄에 분포한다.

중국잎벌레

Labidostomis chinensis Lefevre, 1887

형태 특징
크기 몸 길이는 약 8mm이다.
주요 형질 몸은 원통형으로 비교적 짧다. 머리, 앞가슴등판, 작은방패판은 어두운 청색이다. 다리는 어두운 갈색이다. 머리가 크고 큰턱이 뚜렷하다. 앞가슴등판은 너비가 길이의 2배 정도이다. 딱지날개의 점각은 조밀하다.

생태 특징
어른벌레는 7월에 채집되었다. 생태는 잘 알려지지 않았다.

국내 분포 중부지역에 분포한다.
국외 분포 중국, 러시아, 몽골에 분포한다.

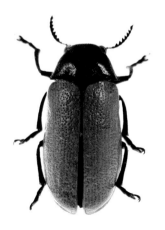

반금색잎벌레

Smaragdina semiaurantiaca (Fairmaire, 1888)

형태 특징

크기 몸 길이는 5~6mm이다.

주요 형질 몸은 원통형이며 위아래로 다소 납작하고 양옆이 다소 평행하며 광택이 있다. 전체적으로 청색에서 어두운 청색이며 앞가슴등판과 더듬이, 다리는 밝은 갈색이다. 눈은 크다. 앞가슴등판원 너비가 더 넓으며 뒷가장자리 모서리는 둥글다. 딱지날개의 점각은 촘촘하다.

생태 특징

어른벌레는 4월에서 5월까지 관찰된다. 어른벌레는 참소리쟁이 등의 꽃에서 발견된다. 버드나무를 먹기도 한다.

국내 분포 중부와 남부지역에 분포한다.
국외 분포 중국, 일본, 러시아에 분포한다.

소요산잎벌레

Cryptocephalus hyacinthinus Suffrian, 1860

형태 특징
크기 몸 길이는 3.5~4.5mm이다.
주요 형질 몸은 원통형으로 짧고 두껍다. 전체적으로 금록색이며 앞가슴등판의 옆가장자리와
딱지날개의 옆가장자리는 검은색을 띤다. 다리는 적갈색이다. 더듬이는 딱지날개 가운데에
이른다. 앞가슴등판의 구멍은 작고, 딱지날개의 구멍은 크고 뚜렷하다.

생태 특징
어른벌레는 5월에서 8월에 관찰된다. 신갈나무 등에서 발견된다.

국내 분포 중부와 남부지역에 분포한다.
국외 분포 중국, 일본, 러시아에 분포한다.

콜체잎벌레

Cryptocephalus koltzei Weise, 1887

형태 특징
크기 몸 길이는 4~5.2mm이다.
주요 형질 몸은 원통형으로 짧다. 전체적으로 검은색이며, 다리는 노란색이다. 머리, 딱지날개에 노란 무늬가 있다. 머리에 세로홈이 있다. 배면은 털로 덮여 있다.

생태 특징
어른벌레는 5월에서 7월까지 관찰된다. 어른벌레는 쑥에서 자주 관찰된다.

국내 분포 제주도를 제외한 전국에 분포한다.
국외 분포 중국, 러시아에 분포한다.

세메노브잎벌레

Cryptocephalus semenovi Weise, 1889

형태 특징
크기 몸 길이는 3.2~4.2mm이다.
주요 형질 몸은 긴타원형이며 위아래로 볼록하고 다소 원통형이다. 머리는 검은색이나
눈 주변은 노란색이다. 더듬이는 검은색이다. 앞가슴등판은 검은색이며 가운데 노란색의
세로무늬가 있고, 뒤쪽에 둥근 무늬가 있다. 딱지날개는 노란색이며 가운데 두꺼운 검은
세로 무늬가 있다. 머리의 이마부터 정수리까지 세로 홈이 있다. 더듬이는 딱지날개의 중간에
이른다. 작은방패판에는 구멍이 없다.

생태 특징
어른벌레는 6월에서 9월에 관찰된다. 생태는 잘 알려지지 않았다.

국내 분포 중부와 남부지역에 분포한다.
국외 분포 일본, 중국, 러시아에 분포한다.

두릅나무잎벌레

Oomorphoides cupreatus (Baly, 1873)

형태 특징

크기 몸 길이는 2~3.5mm이다.

주요 형질 몸은 약간 오각형으로 알모양이며 딱지날개의 앞가장자리에서 가장 넓고 광택이 강하다. 전체적으로 구리빛 또는 청색 또는 녹색이며 더듬이는 검은색이다. 일곱째와 아홉째에서 열한째 더듬이마디는 톱날모양이다. 앞가슴등판은 뒤쪽으로 급격히 넓어진다. 딱지날개의 점각은 뚜렷하다.

생태 특징

어른벌레는 3월에서 8월까지 관찰된다. 두릅나무의 새숨에서 발견되며 개체수가 많다. 알은 배설물로 싸여 종모양을 하고 있다.

국내 분포 전국적으로 분포한다.
국외 분포 일본에 분포한다.

금록색잎벌레

Basilepta fulvipes (Motschulsky, 1860)

형태 특징

크기 몸 길이는 3~3.5mm이다.

주요 형질 몸은 짧다. 전체적으로 녹색, 청색, 갈색 등 색이 다양하다. 다리는 적갈색에서 검은색이다. 앞가슴등판은 뒤쪽으로 점점 넓어진다. 딱지날개의 점각은 규칙적이나, 부분적으로 불규칙하다.

생태 특징

어른벌레는 6월에서 8월까지 관찰된다. 어른벌레는 쑥을 먹는다. 애벌레로 월동하는 것으로 추정된다.

국내 분포 전국적으로 분포한다.
국외 분포 중국, 러시아, 몽골에 분포한다.

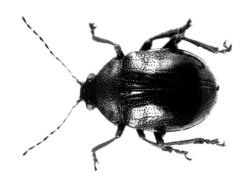

연노랑애꼽추잎벌레

Basilepta pallidula (Baly, 1874)

형태 특징

크기 몸 길이는 3~4mm이다.

주요 형질 몸은 짧다. 색은 전체적으로 황갈색이나, 개체에 따라 다양하다. 배면은 황갈색이다. 앞가슴등판의 앞가장자리를 따라있는 가로점각렬은 가운데에서 끊긴다. 딱지날개의 점각은 규칙적이며, 기부와 끝에서는 불분명하다. 넓적다리마디가 두껍다.

생태 특징

어른벌레는 6월에서 8월까지 관찰된다. 6월에서 7월까지 낙엽층, 잡초의 뿌리에 알을 낳는다. 애벌레는 삼나무, 소나무 등의 뿌리를 먹는다. 침엽수의 해충으로 알려져 있다.

국내 분포 전국적으로 분포한다.

국외 분포 중국, 일본에 분포한다.

점박이이마애꼽추잎벌레

Basilepta punctifrons An, 1988

고유종

형태 특징

크기 몸 길이는 약 4mm이다.

주요 형질 몸은 짧다. 색은 전체적으로 황갈색이나, 더듬이 5~11마디는 검은색, 작은방패판과 딱지날개 봉합선은 적갈색이다. 딱지날개의 점각은 규칙적이며, 뚜렷하다. 넓적다리마디의 밑면에 가시가 있다.

생태 특징

어른벌레는 7월에 채집되었다. 생태는 잘 알려지지 않았다.

국내 분포 남부지역에 분포한다.

포도꼽추잎벌레

Bromius obscurus (Linnaeus, 1758)

형태 특징
크기 몸 길이는 5~5.5mm이다.
주요 형질 몸은 볼록하며, 다리가 비교적 길다. 머리, 앞가슴등판, 다리는 검은색이고 딱지날개는 적갈색에서 어두운 갈색이다. 넓적다리마디에 가시가 있다.

생태 특징
어른벌레는 6월에서 8월까지 관찰된다. 기주식물은 포도이다.

국내 분포 전국적으로 분포한다.
국외 분포 중국, 일본, 러시아, 키르기스스탄, 카자흐스탄, 유럽, 신북구에 분포한다.

중국청람색잎벌레

Chrysochus chinensis Baly, 1859

형태 특징
크기 몸 길이는 11~13mm이다.
주요 형질 몸은 넓적하고 원통형이다. 전체적으로 청남색이며 광택이 매우 강하다. 더듬이는 검은색이다. 눈의 뒤쪽에 뚜렷한 눌린 자국이 있다. 앞가슴등판은 너비가 더 넓다.

생태 특징
어른벌레는 5월에서 9월까지 관찰된다. 어른벌레는 하천변의 박주가리에서 자주 보이며, 떼로 발생하는 경우가 있다.

국내 분포 제주도를 제외한 전국에 분포한다.
국외 분포 중국, 일본, 러시아, 몽골에 분포한다.

고구마잎벌레

Colasposoma dauricum Mannerheim, 1849

형태 특징
크기 몸 길이는 5~6mm이다.
주요 형질 몸은 타원형이다. 청동색에서 녹색이며, 광택이 있다. 머리의 가운데는 약간 오목하다. 더듬이의 길이는 딱지날개의 가운데에 이른다. 딱지날개의 점각은 불규칙하다.

생태 특징
어른벌레는 6월에서 7월까지 관찰된다. 애벌레는 땅속의 뿌리를 먹는다. 고구마의 해충으로 알려져 있다.

국내 분포 전국적으로 분포한다.
국외 분포 중국, 러시아, 몽골에 분포한다.

곧선털꼽추잎벌레

Demotina fasciata (Baly, 1874)

형태 특징

크기 몸 길이는 4~5mm이다.

주요 형질 몸은 길쭉하며, 볼록하다. 배면은 검은색이고 등면은 갈색에서 적갈색이다. 더듬이는 황갈색이다. 앞가슴등판의 모서리는 둥글다. 딱지날개의 점각은 뚜렷하고 촘촘하다.

생태 특징

어른벌레는 5월에서 10월까지 관찰된다. 습성에 대해 알려진 것이 적다. 기주식물은 떡갈나무이다.

국내 분포 전국적으로 분포한다.

국외 분포 중국, 일본, 대만에 분포한다.

경기잎벌레

Demotina modesta Baly, 1984

형태 특징
크기 몸 길이는 3~4mm이다.
주요 형질 몸은 길쭉하며, 볼록하다. 등면은 갈색에서 회갈색이고 배면은 황갈색에서 어두운 갈색이다. 딱지날개에 점각이 있다. 넓적다리마디에 작은 가시가 있다.

생태 특징
어른벌레는 5월에서 9월까지 관찰된다. 어른벌레는 참나무나 닭의장풀의 잎에서 발견된다.

국내 분포 전국적으로 분포한다.
국외 분포 일본, 대만 네팔, 신북구에 분포한다.

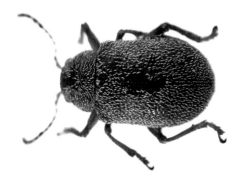

이마줄꼽추잎벌레

Heteraspis lewisii Baly, 1874

형태 특징
크기 몸 길이는 3.2~4mm이다.
주요 형질 몸은 짧다. 몸은 전체적으로 청동색이나, 개체에 따라 청색, 녹색 등을 띤다. 더듬이 끝마디와 발목마디는 검은색이다. 눈의 위쪽에 깊은 홈이 있다. 딱지날개의 점각은 규칙적이다.

생태 특징
어른벌레는 5월에서 8월까지 관찰된다. 개머루가 기주식물이다.

국내 분포 전국적으로 분포한다.
국외 분포 중국, 일본, 대만, 동양구에 분포한다.

콩잎벌레

Pagria signata (Motschulsky, 1858)

형태 특징
크기 몸 길이는 1.8~2.4mm이다.
주요 형질 몸은 짧고 위아래로 두껍다. 머리와 앞가슴등판은 검은색이고 딱지날개와 다리는 황갈색에서 노란색이나 딱지날개 봉합선 부분은 검은색이다. 일부 개체에서는 딱지날개가 적갈색이거나 검은색이기도 하다. 더듬이는 딱지날개의 가운데에 이르며, 첫째마디가 굵다. 딱지날개의 점각은 비교적 규칙적이다. 넓적다리마디는 크게 확장되어 있다.

생태 특징
어른벌레는 5월에서 9월에 관찰된다. 어른벌레는 콩을 가해하고, 6월 하순에서 8월 중순에 콩의 기부에 10여개의 알을 낳는다. 어른벌레로 겨울을 난다.

국내 분포 전국적으로 분포한다.
국외 분포 일본, 대만, 중국, 러시아, 베트남, 라오스, 태국, 미얀마, 인도, 필리핀, 인도네시아, 마크로네시아에 분포한다.

오이잎벌레

Aulacophora indica (Gmelin, 1790)

형태 특징
크기 몸 길이는 5.6~7.3mm이다.
주요 형질 몸은 길쭉하고, 등면으로 약간 볼록하다. 전체적으로 머리와 배면은 적갈색이며, 가운데가슴, 뒷가슴은 검은색, 더듬이는 적갈색이나 개체에 따라 마지막 마디가 회색을 띠기도 한다. 겹눈 사이는 좁고 길게 돌출되어 있다. 더듬이는 몸길이의 1/2정도이다. 작은방패판은 삼각형이며 구멍이 있다. 다리는 비교적 짧다.

생태 특징
어른벌레는 4월에서 11월에 관찰된다. 어른벌레로 월동하여 월동한 개체가 4월 중순부터 나타나며 5~6월에 알을 낳는다. 새로운 어른벌레는 8~11월까지 보이며, 11월에 땅속에 모여 월동한다.

국내 분포 전국적으로 분포한다.
국외 분포 일본, 중국, 대만, 라오스, 베트남, 필리핀, 인도, 미얀마, 네팔, 부탄, 세일론, 안다만, 니코바르, 태국, 캄보디아, 러시아, 뉴키니아, 사모아, 피지에 분포한다.

검정오이잎벌레

Aulacophora nigripennis Motschulsky, 1857

형태 특징
크기 몸 길이는 5.8~6.3mm이다.
주요 형질 몸은 긴타원형이며 위아래로 볼록하다. 머리, 앞가슴등판, 배는 황갈색이고 딱지날개, 더듬이, 다리는 검은색에서 어두운 청색이다. 눈은 크고 돌출되어 있다. 더듬이는 몸길이의 1/2정도이다. 앞가슴등판은 사각형이고 너비가 길이의 약 2배이다. 딱지날개는 뒤쪽으로 넓어진다. 다리는 비교적 짧다.

생태 특징
어른벌레는 4월에서 11월에 관찰된다. 집단으로 모여 어른벌레로 겨울을 나며 콩을 먹이로 한다.

국내 분포 전국적으로 분포한다
국외 분포 일본, 대만, 중국, 러시아에 분포한다.

청줄보라잎벌레

Chrysolina virgata (Motschulsky, 1860)

형태 특징
크기 몸 길이는 11~15mm이다.
주요 형질 몸은 크고 길쭉하며, 약간 볼록하다. 전체적으로 금속광택을 띠는 적동색에서 녹색이다. 머리는 앞가슴등판보다 뚜렷이 좁다. 더듬이는 비교적 짧아 딱지날개의 앞가장자리에 이른다. 앞가슴등판은 너비가 더 긴 사각형이다. 딱지날개의 점각은 작고 불규칙하며, 가운데 청색 세로 줄무늬가 뚜렷하다.

생태 특징
어른벌레는 6월에서 9월까지 관찰된다. 주로 하천변에서 갈대나 다른 식물의 뿌리와 줄기를 먹는다. 주변에 배설물을 많이 놓아 개미 등으로 부터 자신을 보호한다.

국내 분포 중부와 남부지역에 분포한다.
국외 분포 중국, 일본, 러시아에 분포한다.

사시나무잎벌레

Chrysomela populi Linnaeus, 1758

형태 특징

크기 몸 길이는 10~12mm이다.

주요 형질 몸은 타원형이다. 머리와 앞가슴등판은 청남색, 딱지날개는 황갈색에서 빨간색이다. 앞가슴등판의 양쪽에 눌린자국이 있다. 딱지날개는 볼록하며, 점각이 아주 작다.

생태 특징

어른벌레는 4월에서 10월까지 관찰된다. 어른벌레는 월동 후 4월부터 관찰된다. 버드나무에서 발견되며, 잎의 표본에 노란색의 긴 알을 뭉쳐서 낳는다. 애벌레와 번데기는 위협을 받으면 유백색의 액체를 분비한다.

국내 분포 제주도를 제외한 전국에 분포한다.

국외 분포 중국, 일본, 러시아, 아프가니스탄, 이란, 몽골, 네팔, 터키, 인도, 유럽에 분포한다.

버들잎벌레

Chrysomela vigintipunctata (Scopoli, 1763)

형태 특징
크기 몸 길이는 6.8~9mm이다.
주요 형질 몸은 타원형이다. 배면은 황갈색이다. 머리와 앞가슴등판, 다리는 검은색이고 딱지날개는 황갈색이다. 앞가슴등판의 가장자리는 황갈색이며, 딱지날개에 검은 점무늬가 있으나 개체에 따라 그 크기가 다양하다.

생태 특징
어른벌레는 3월에서 6월까지 관찰된다. 어른벌레는 월동 후 3월 하순부터 버드나무에서 관찰된다. 매우 많이 관찰되는 종이다.

국내 분포 제주도를 제외한 전국에 분포한다.
국외 분포 중국, 일본, 대만, 러시아, 유럽에 분포한다.

좀남색잎벌레

Gastrophysa atrocyanea Motschulsky, 1860

형태 특징
크기 몸 길이는 5.2~5.8mm이다.
주요 형질 몸은 긴타원형이며 위아래로 다소 볼록하다. 전체적으로 자주색 광택이 있는 흑청색이다. 더듬이는 검은색이다. 머리는 앞가슴등판보다 뚜렷이 좁다. 더듬이는 딱지날개의 앞가장자리를 약간 넘는다. 앞가슴등판은 사각형으로 너비가 길이의 약 2배이며 앞가장자리는 둥글다. 딱지날개는 길이가 너비의 2배 이상이며, 점각이 불규칙하다.

생태 특징
어른벌레는 3월에서 6월에 관찰된다. 어른벌레로 겨울은 나고 3월 하순부터 관찰된다. 참소리쟁이를 먹이로 하며 많은 개체가 관찰된다.

국내 분포 전국적으로 분포한다.
국외 분포 일본, 중국, 러시아, 대만, 베트남에 분포한다.

참금록색잎벌레

Plagiosterna adamsi (Baly, 1884)

형태 특징

크기 몸 길이는 6.5~8.5mm이다.

주요 형질 몸은 긴타원형이다. 몸은 검은색이고 머리는 흑청색, 앞가슴등판은 적갈색이다. 딱지날개는 광택이 강한 흑청색이다. 앞가슴등판은 앞쪽으로 좁아진다. 딱지날개의 점각은 뚜렷하고 불규칙하다.

생태 특징

어른벌레는 5월에서 9월까지 관찰된다. 어른벌레는 주로 습지주변에서 관찰되며, 물오리나무의 잎에 붙어 있다.

국내 분포 제주도를 제외한 전국에 분포한다.

국외 분포 중국, 일본, 네팔에 분포한다.

오리나무잎벌레

Agelastica coerulea Baly, 1874

형태 특징

크기 몸 길이는 5.7~8mm이다.

주요 형질 몸은 긴타원형이며, 볼록하다. 전체적으로 청남색이며, 광택이 있다. 앞가슴 등판은 너비가 훨씬 더 넓다. 딱지날개는 길고 약간 볼록하다. 점각은 조밀하다.

생태 특징

어른벌레는 4월에서 8월까지 관찰된다. 오리나무의 잎에서 어른벌레와 애벌레가 모두 관찰된다. 4월 하순에 알을 낳으며, 애벌레는 무리지어 잎을 가해한다. 번데기는 땅에서 튼다.

국내 분포 제주도를 제외한 전국에 분포한다.

국외 분포 중국, 일본, 러시아에 분포한다.

뽕나무잎벌레

Fleutiauxia armata (Baly, 1874)

형태 특징

크기 몸 길이는 5.0~7.3mm이다.

주요 형질 몸은 길쭉하고 양옆이 다소 평행하다. 머리와 앞가슴등판은 검은색이고 딱지날개는 청록색에서 청색이다. 다리는 어두운 갈색이다. 머리는 앞가슴등판보다 좁다. 더듬이는 몸길이의 절반이 넘는다. 앞가슴등판은 사각형으로 너비가 더 넓다. 딱지날개에 뚜렷한 점각렬이 없으며 중앙부근까지 약간 넓어지다 뒤쪽으로 좁아진다.

생태 특징

어른벌레는 4월에서 6월에 관찰된다. 어른벌레는 구찌뽕나무에서 발견되나 다식성이며 5월경에 기주식물의 뿌리부근에 알을 낳는다. 애벌레로 겨울을 난다.

국내 분포 중부와 남부지역에 분포한다.

국외 분포 일본, 중국, 러시아에 분포한다.

한서잎벌레

Galeruca vicina Solsky, 1872

형태 특징
크기 몸 길이는 10.0~11.9mm이다.
주요 형질 몸은 타원형으로 위아래로 약간 볼록하다. 전체적으로 어두운 갈색이며, 머리는 검은색이다. 머리는 앞가슴등판보다 좁고 앞으로 돌출되어 있다. 앞가슴등판은 너비가 길이의 2배 이상이며 가운데에서 가장 넓다. 딱지날개는 뒤쪽 1/3지점까지 점점 넓어지다가 좁아진다. 점각은 뚜렷하다. 다리는 가늘며 종아리마디는 뒤쪽으로 조금 넓어진다.

생태 특징
어른벌레는 4월에서 10월에 관찰된다. 어른벌레는 5월에 알을 낳으며, 알에 배설물을 붙이지 않는다. 쇠무릎, 명아주, 개비름 등을 먹고 어른벌레로 겨울을 난다.

국내 분포 전국적으로 분포한다.
국외 분포 일본, 중국, 대만, 러시아, 필리핀, 인도네시아에 분포한다.

딸기잎벌레

Galerucella grisescens (Joannis, 1866)

형태 특징

크기 몸 길이는 3.5~5.2mm이다.

주요 형질 몸은 길고 납작하다. 전체적으로 황갈색이며, 머리는 어두운 갈색이다. 앞가슴 등판과 딱지날개에 검은 무늬가 있다. 배면은 털로 덮여 있다.

생태 특징

어른벌레는 4월에서 11월까지 관찰된다. 어른벌레로 월동하여 4월까지 알을 낳는다. 딸기 해충으로 알려져 있다.

국내 분포 전국적으로 분포한다.

국외 분포 중국, 일본, 대만, 몽골, 유럽, 동양구에 분포한다.

일본잎벌레

Galerucella nipponensis (Laboissiere, 1922)

형태 특징
크기 몸 길이는 4.5~6mm이다.
주요 형질 몸은 길쭉하며 위아래로 다소 납작하고 광택이 있다. 전체적으로 검은색에서 어두운 갈색이나 앞가슴등판과 다리는 갈색이다. 앞가슴등판은 뒤쪽으로 점점 넓어지며, 양옆에 검은 세로 줄무늬가 있다. 딱지날개는 길고 구멍이 뚜렷하다.

생태 특징
어른벌레는 4월에서 8월까지 관찰된다. 어른벌레는 연못 주위의 마름과 순채를 먹는다.

국내 분포 전국적으로 분포한다.
국외 분포 중국, 일본, 러시아, 대만에 분포한다.

상아잎벌레

Gallerucida bifasciata Motschulsky, 1860

형태 특징
크기　몸 길이는 7~10mm이다.
주요 형질　몸은 약간 타원형이며, 볼록하다. 전체적으로 검은색이며, 딱지날개의 앞과 중앙에서 뒷부분에 노란색 무늬가 대칭을 이룬다. 더듬이는 약간 톱니모양이다. 머리의 너비는 앞가슴등판에 비해 뚜렷이 좁다. 앞가슴등판에 1쌍의 뚜렷한 홈이 있다. 다리는 길다.

생태 특징
어른벌레는 3월에서 8월까지 관찰된다. 애벌레는 호장근, 까치수영, 소리쟁이, 며느리배꼽 등에 모인다. 애벌레는 땅속에서 번데기를 튼다.

국내 분포　전국적으로 분포한다.
국외 분포　중국, 일본, 대만, 러시아에 분포한다.

솔스키잎벌레

Gallerucida flavipennis Solsky, 1872

형태 특징

크기 몸 길이는 6.5~8mm이다.

주요 형질 몸은 약간 타원형이,며 볼록하다. 머리, 더듬이, 앞가슴등판, 다리는 검은색이며, 딱지날개는 노란색에서 활갈색이다. 더듬이는 약간 톱니모양이다. 머리의 너비는 앞가슴등판에 비해 뚜렷이 좁다. 딱지날개의 점각은 크고 규칙적이다.

생태 특징

어른벌레는 4월에서 6월까지 관찰된다. 어른벌레는 5월까지 알을 낳는다. 애벌레는 땅속에서 번데기를 튼다.

국내 분포 중부와 남부지역에 분포한다.

국외 분포 중국, 일본, 러시아에 분포한다.

푸른배줄잎벌레

Gallerucida gloriosa (Baly, 1861)

형태 특징
크기 몸 길이는 7.5~8.5mm이다.
주요 형질 몸은 약간 타원형이며, 볼록하다. 머리, 더듬이, 다리는 자주색, 앞가슴등판과 딱지날개는 무지개 빛을 띠는 금록색이다. 더듬이는 비교적 짧다. 앞가슴등판은 사각형이며, 너비가 더 넓다. 딱지날개의 점각은 크고 불규칙하다.

생태 특징
어른벌레는 5월에서 8월까지 관찰된다. 생태는 잘 알려지지 않았다.

국내 분포 중부와 남부지역에 분포한다.
국외 분포 중국, 러시아에 분포한다.

줄잎벌레

Gallerucida lutea Gressitt & Kimoto, 1963

형태 특징
크기 몸 길이는 7mm이다.
주요 형질 몸은 약간 타원형이며, 볼록하다. 전체적으로 황갈색이며, 더듬이, 눈, 다리의 종아리마디와 발목마디는 검은색이다. 더듬이는 몸길이의 절반 정도이다. 딱지날개의 점각은 크기가 다양하고 11줄의 불규칙한 점각열이 있다.

생태 특징
어른벌레는 8월까지 관찰된다. 생태는 잘 알려지지 않았다.

국내 분포 중부와 남부지역에 분포한다.
국외 분포 중국, 대만에 분포한다.

두줄박이애잎벌레

Medythia nigrobilineata (Motschulsky, 1860)

형태 특징

크기 몸 길이는 3.0~3.4mm이다.

주요 형질 몸은 길쭉한 알모양이며, 등면으로 약간 볼록하다. 전체적으로 적갈색에서 황갈색이며 딱지날개에 검은 긴 세로줄무늬가 있다. 더듬이는 어두운 갈색이나 첫째에서 셋째 더듬이마디는 황갈색이며, 다리는 황갈색이나 종아리마디의 기부는 어두운 갈색이다. 겹눈의 사이는 앞쪽으로 길게 돌출되어 있다. 더듬이는 몸길이의 1/2보다 약간 더 길다. 앞가슴등판은 사각형으로 너비가 길이보다 약간 더 넓다. 작은방패판은 반원형이다. 딱지날개에는 뚜렷한 점각렬이 없다. 다리는 비교적 길다.

생태 특징

어른벌레는 5월에서 9월에 관찰된다. 어른벌레는 5월 초순경에 나타나며 콩과식물을 가해한다. 애벌레는 콩과식물의 뿌리를 가해한다.

국내 분포 전국적으로 분포한다.
국외 분포 일본, 중국, 러시아에 분포한다.

크로바잎벌레

Monolepta quadriguttata (Motschulsky, 1860)

형태 특징

크기 몸 길이는 3.6~4.0mm이다.

주요 형질 몸은 길쭉한 알모양이며, 등면으로 약간 볼록하다. 머리와 앞가슴등판은 적갈색,
딱지날개와 배는 검은색에서 어두운 갈색이고, 더듬이는 어두운 갈색이나 첫째에서 셋째
더듬이마디는 적갈색이다. 다리는 갈색에서 어두운 갈색이나 넓적다리마디의 끝과 종아리
마디의 기부는 황갈색이다. 더듬이는 몸 길이보다 약간 짧다. 앞가슴등판은 사각형이며
너비가 길이의 약 2배이다. 딱지날개의 기부쪽에 황갈색의 둥근 무늬가 있으며, 끝은 황갈색이다.

생태 특징

어른벌레는 4월에서 10월에 관찰된다. 어른벌레는 가지과 국화과, 꿀풀과, 선형과, 십자화과
의 다양한 식물을 가해하는 해충이다. 밤에 불빛에 날아오기도 한다.

국내 분포 전국적으로 분포한다.

국외 분포 일본, 중국, 러시아, 몽골에 분포한다.

어리발톱잎벌레

Monolepta shirozui Kimoto, 1965

형태 특징

크기 몸 길이는 3~4mm이다.

주요 형질 몸은 약간 길쭉하고 볼록하다. 전체적으로 황갈색이다. 머리의 너비는 앞가슴보다 좁다. 더듬이는 비교적 길어 딱지날개 중앙에 이른다. 수컷 작은방패판 뒤 기부 봉합선 부근에 눌린 자국이 있다. 딱지날개 끝에 털이 있다.

생태 특징

어른벌레는 6월에서 9월까지 관찰된다. 애벌레는 때죽나무, 졸참나무 등에서 발견된다.

국내 분포 전국적으로 분포한다.
국외 분포 일본에 분포한다.

열점박이별잎벌레

Oides decempunctatus (Billberg, 1808)

형태 특징
크기 몸 길이는 9~14mm이다.
주요 형질 몸은 볼록하고 둥글다. 전체적으로 노란색에서 주황색이며, 딱지날개에 검고 둥근 점이 10개 있다. 더듬이 끝은 검은색이다. 광택이 있다.

생태 특징
어른벌레는 5월에서 9월까지 관찰된다. 머루와 같은 포도과 식물의 잎을 먹는다.

국내 분포 전국적으로 분포한다.
국외 분포 중국, 일본, 대만, 동양구에 분포한다.

돼지풀잎벌레

Ophraella communa LeSage, 1986

외래종

형태 특징
크기 몸 길이는 4~7mm이다.
주요 형질 몸은 길고 납작하다. 전체적으로 황갈색이다. 앞가슴등판에 검은 무늬가 있다.
딱지날개의 점각은 촘촘하고 뚜렷한 줄무늬가 있다.

생태 특징
어른벌레는 6월에서 10월까지 관찰된다. 북아메리카가 원산지인 외래종이다. 돼지풀, 들깨,
해바라기 등에서 발견된다.

국내 분포 전국적으로 분포한다.
국외 분포 중국, 일본, 대만, 신북구에 분포한다.

큰벼룩잎벌레

Altica deserticola (Weise, 1889)

형태 특징
크기 몸 길이는 4~6mm이다.
주요 형질 몸은 긴 타원형이며 비교적 볼록하다. 딱지날개의 앞가장자리에서 뒤쪽 1/3지점까지가 가장 넓다. 전체적으로 청녹색을 띤다. 더듬이는 몸길이의 절반에 못 미친다. 앞가슴등판은 뒤쪽으로 점점 넓어진다. 딱지날개의 끝은 뾰족하다.

생태 특징
잘 알려지지 않았다.

국내 분포 알려지지 않았다.
국외 분포 중국, 몽골, 아프카니스탄, 이란, 이라크, 이스라엘, 요르단, 키르키즈스탄, 카자흐스탄, 시리아, 투르크메니스탄, 터키에 분포한다.

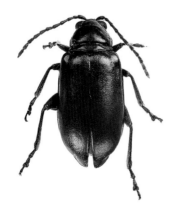

단색둥글잎벌레

Argopus unicolor Motschulsky, 1860

형태 특징

크기 몸 길이는 4~5mm이다.

주요 형질 몸은 약간 긴 타원형이며 위아래로 매우 볼록하고 광택이 있다.
전체적으로 적갈색이다. 머리는 앞가슴등판에 의해 가려지며, 앞가슴등판은 뒤쪽으로 점점
넓어진다. 작은방패판은 삼각형이며 끝은 뾰족하다. 짝시날개는 매우 볼록하며 점각이 뚜렷
하다. 뒷다리 종아리마디의 끝에 짧은 가시가 있다.

생태 특징

어른벌레는 5월에서 6월까지 관찰된다. 생태는 잘 알려지지 않았다.

국내 분포 중부와 남부지역에 분포한다.
국외 분포 일본, 러시아에 분포한다.

왕벼룩잎벌레

Ophrida spectabilis (Baly, 1862)

형태 특징

크기 몸 길이는 9~13mm이다.

주요 형질 몸은 둥글고 매우 볼록하다. 전체적으로 광택이 있는 적갈색이며, 딱지날개에 밝은색의 무늬가 있다. 더듬이 다섯째에서 열한째는 어두운 적갈색이고 다리는 황갈색이다. 딱지날개의 점각은 11줄로 규칙적이다. 뒷다리 넓적다리마디가 두껍게 발달했다.

생태 특징

어른벌레는 5월에서 9월까지 관찰된다. 애벌레는 개옻나무, 붉나무 등을 먹는다.

국내 분포 제주도를 제외한 전국에 분포한다.

국외 분포 중국, 일본, 대만에 분포한다.

황갈색잎벌레

Phygasia fulvipennis (Baly, 1874)

형태 특징

크기 몸 길이는 5.0~6.0mm이다.

주요 형질 몸은 길쭉하고, 등면으로 약간 볼록하다. 더듬이, 머리, 앞가슴등판 및 다리는 검은색이며, 날개는 황갈색이다. 머리의 너비는 앞가슴배판보다 뚜렷하게 좁다. 더듬이의 길이는 몸 길이의 약 1/2이며, 끝으로 갈수록 조금씩 두꺼워 진다. 첫째 더듬이마디가 가장 길며, 둘째마디의 2배 길이이다. 앞가슴등판은 너비가 약 1.2배 더 넓으며, 가운데에서 가장 넓다. 딱지날개의 구멍을 뚜렷하며 불규칙하다. 다리는 길쭉하며 뒷다리 종아리마디 끝에 짧은 가시가 있다.

생태 특징

관찰 시기 어른벌레는 5월에서 6월에 관찰된다.

주요 습성 어른벌레는 초지에서 주로 발견되며 기주식물은 박주가리이다. 7월 경에 땅에 알을 낳는다. 알에서 깬 애벌레는 박주가리의 뿌리를 갉아먹는다.

국내 분포 제주도를 제외한 전국에 분포한다.

국외 분포 일본, 중국에 분포한다.

벼룩잎벌레

Phyllotreta striolata (Fabricius, 1803)

형태 특징

크기 몸 길이는 2.5~3.5mm이다.

주요 형질 몸은 길쭉하고 위아래로 다소 볼록하며 광택이 있다. 전체적으로 검은색이나 딱지날개에 노란색의 넓은 세로 줄무늬가 있다. 눈은 크고 돌출되어 있다. 앞가슴등판은 너비가 더 넓고 뒤쪽으로 점점 넓어진다. 딱지날개는 앞가슴등판보다 더 넓고 끝이 둥글다. 뒷다리 넓적다리마디가 두껍다.

생태 특징

어른벌레는 4월에서 6월까지 관찰된다. 어른벌레는 배추 등 십자화과 식물을 먹는다.

국내 분포 전국적으로 분포한다.

국외 분포 중국, 일본, 러시아, 대만, 카자흐스탄, 몽골, 네팔, 테커, 인도, 유럽, 아프리카구, 오스트리아구, 신북구, 동양구에 분포한다.

노랑테가시잎벌레

Dactylispa angulosa (Solsky, 1872)

형태 특징
크기 몸 길이는 3~4mm이다.
주요 형질 몸은 사각형이며, 약간 볼록하다. 머리는 어두운 적황색이다. 몸의 색은 어두운 적황색이고 가시는 검은색이다. 더듬이는 적갈색이다. 더듬이는 짧다. 딱지날개는 양 옆이 거의 평행하나, 끝에서 약간 넓어진다. 딱지날개의 옆은 강하게 팽창되어 있고 26~28개의 가시가 있다.

생태 특징
어른벌레는 4월에서 11월까지 관찰된다. 알을 잎의 말단부에 산란하며, 애벌레는 잎 속에서 생활한다.

국내 분포 전국적으로 분포한다.
국외 분포 중국, 일본, 러시아에 분포한다.

적갈색남생이잎벌레

Cassida fuscorufa Motschulsky, 1866

형태 특징
크기 몸 길이는 5.5~6.5mm이다.

주요 형질 몸은 둥글고 볼록하다. 전체적으로 갈색에서 어두운 갈색이며, 배면과 다리는 검은색이고 더듬이 첫째에서 다섯째는 적갈색이다. 더듬이는 짧고 딱지날개 앞가장자리의 모서리에 이른다. 앞가슴등판은 너비가 더 넓으며 가운데가 볼록하다. 딱지날개는 매우 볼록하고 앞가장자리의 바로 뒤에서 가장 넓으며 뒤쪽으로 좁아진다.

생태 특징
어른벌레는 4월에서 9월에 관찰된다. 어른벌레는 쑥에서 발견된다. 어른벌레로 겨울을 난다.

국내 분포 중부와 남부지역에 분포한다.
국외 분포 중국, 일본, 러시아에 분포한다.

애남생이잎벌레

Cassida piperata Hope, 1842

형태 특징

크기 몸 길이는 5.0~5.5mm이다.

주요 형질 몸은 둥글고 길이가 약간 더 길며 위아래로 볼록하다. 전체적으로 적갈색이며 표면에 불규칙한 망상구조가 나타난다. 배는 검은색이고 더듬이와 다리는 황갈색이다. 머리는 앞가슴등판에 의해 가려진다. 더듬이는 짧다. 앞가슴등판은 반원형태이다. 딱지날개는 뚜렷이 볼록하며 앞쪽 1/3지점에서 가장 넓다.

생태 특징

어른벌레는 5월에서 7월에 관찰된다. 어른벌레는 엉겅퀴류와 머위에서 발견되며, 9월에서 10월에 알을 낳는다.

국내 분포 전국적으로 분포한다.

국외 분포 일본, 중국, 러시아, 대만, 필리핀, 인도네시아에 분포한다.

청남생이잎벌레

Cassida rubiginosa Müller, 1776

형태 특징
크기 몸 길이는 7.0~8.5mm이다.
주요 형질 몸은 타원형으로 위아래로 약간 볼록하다. 전체적으로 갈색에서 어두운 갈색 또는 적갈색이나 녹갈색이다. 일곱째에서 열한째 더듬이마디는 어두운 갈색이다. 머리는 앞가슴 등판에 의해 가려진다. 더듬이는 짧다. 앞가슴등판은 반원형이며, 너비가 더 넓다. 딱지날개는 볼록하며 뒤쪽으로 점점 좁아진다.

생태 특징
어른벌레는 4월에서 7월에 관찰된다. 어른벌레는 5월에 알을 낳으며, 엉겅퀴의 잎에 낳고 배설물을 칠한다. 어른벌레로 겨울을 난다.

국내 분포 전국적으로 분포한다.
국외 분포 일본, 중국, 러시아, 몽골, 유럽에 분포한다.

남생이잎벌레붙이

Glyphocassis spilota (Gorham, 1885)

형태 특징
크기 몸 길이는 약 5mm이다.
주요 형질 몸은 둥글고 약간 볼록하다. 딱지날개는 적황색에서 황색이며, 3개의 검은 무늬가 있다. 딱지날개 가장자리의 어깨부근에 검은색 띠가 분명하다. 봉합선은 검은색이다.

생태 특징
어른벌레는 6월까지 관찰된다. 생태는 잘 알려지지 않았다.

국내 분포 남부지역에 분포한다.
국외 분포 중국, 일본, 러시아에 분포한다.

등빨간남색잎벌레

Lema scutellaris (Kraatz, 1879)

형태 특징

크기 몸 길이는 5~6mm이다.

주요 형질 몸은 길쭉하다. 전체적으로 적갈색이나, 머리는 검은색이고 딱지날개에 청색에서 황갈색의 넓은 무늬가 있다. 딱지날개는 끝으로 좁아진다. 딱지날개의 점각은 뚜렷하다.

생태 특징

어른벌레는 5월에서 7월까지 관찰된다. 어른벌레는 닭의장풀의 잎을 먹는다.

국내 분포 제주도를 제외한 전국에 분포한다.

국외 분포 중국, 일본, 러시아에 분포한다.

큰남생이잎벌레

Thlaspida biramosa (Boheman, 1855)

형태 특징
크기 몸 길이는 7~8.5mm이다.
주요 형질 몸은 넓적하고 둥글다. 전체적으로 황갈색에서 어두운 갈색이다. 몸의 가장자리는 밝은 갈색이다. 더듬이 다섯째마디부터 검은색이다. 머리는 앞가슴등판에 의해 가려져 있다. 딱지날개는 볼록하며, 뒤쪽으로 좁아진다.

생태 특징
어른벌레는 4월에서 7월까지 관찰된다. 어른벌레로 월동하여 4월에 작살나무에서 관찰된다. 애벌레는 탈피각에 배설물을 붙인 덩어리를 달고 다닌다.

국내 분포 제주도를 제외한 전국에 분포한다.
국외 분포 중국, 일본, 동양구에 분포한다.

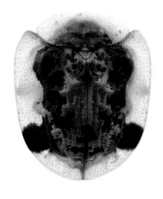

루이스큰남생이잎벌레

Thlaspida lewisii (Baly, 1874)

형태 특징

크기 몸 길이는 5~7mm이다.

주요 형질 몸은 넓적하고 둥글다. 전체적으로 갈색에서 적갈색이다. 배면은 검은색이나 가장자리는 밝은색이다. 광택이 있다. 머리는 앞가슴등판에 의해 가려져 있다. 딱지날개는 볼록하며, 뒤쪽으로 좁아진다. 점각은 뚜렷하다.

생태 특징

어른벌레는 5월에서 7월까지 관찰된다. 어른벌레로 월동하여 5월에 쇠물푸레나무에서 관찰된다. 애벌레는 탈피각에 배설물을 붙인 덩어리를 달고 다닌다.

국내 분포 전국적으로 분포한다.

국외 분포 중국, 일본에 분포한다.

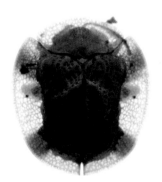

닮은애꼽추잎벌레

Basilepta davidi (Lefevre, 1877)

형태 특징
크기 몸 길이는 3~3.5mm이다.
주요 형질 몸은 짧다. 색은 앞가슴등판과 딱지날개가 밝은 갈색인 경우, 앞가슴등판이 붉은색이고 딱지날개가 검은색, 딱지날개가 밝은 갈색인 개체 등 다양하다. 배면의 색상도 다양하다. 다리는 노란색이다. 딱지날개의 점각은 규칙적이다.

생태 특징
어른벌레는 6월에서 8월까지 관찰된다. 알려지지 않았다.

국내 분포
국내 분포 전국적으로 분포한다.
국외 분포 중국, 일본, 대만에 분포한다.

북방길쭉소바구미

Ozotomerus japonicus Egorov, 1986

형태 특징
크기 몸 길이는 5~9.5mm이다.
주요 형질 몸은 원통형으로 길이가 너비의 약 3배이다. 전체적으로 갈색이며, 흰색, 노란색, 어두운 갈색의 털들로 덮여 무늬처럼 보인다. 발목마디는 검은색이다. 수컷 더듬이 넷째마디는 크게 발달되어 있다. 앞가슴등판원 거의 정사각형이다. 작은방패판은 보이지 않는다. 딱지날개 중앙에 거꾸로된 하트모양의 무늬가 있다.

생태 특징
어른벌레는 6월에서 8월에 관찰된다. 밤에 불빛에 날아오기도 한다.

국내 분포 전국적으로 분포한다.
국외 분포 중국, 러시아에 분포한다.

우리흰별소바구미

Platystomos sellatus Park et al., 2001

형태 특징
크기 몸 길이는 6.5~10mm이다.
주요 형질 몸은 짧고 두껍다. 전체적으로 갈색이나 머리와 딱지날개의 중간, 딱지날개의
끝에 회백색의 무늬가 있다. 앞가슴등판에 세 개의 돌기가 있으며 딱지날개에도 돌기가 있다.
주둥이는 넓고 돌출되어 있다. 수컷의 더듬이가 암컷에 비해 뚜렷이 길다.

생태 특징
어른벌레는 5월에서 8월에 관찰된다. 활엽수에서 발견되며 느리게 움직인다.

국내 분포 중부와 남부지역에 분포한다.
국외 분포 중국에 분포한다.

줄무늬소바구미

Sintor dorsalis (Sharp, 1891)

형태 특징
크기 몸 길이는 4.0~5.3mm이다.

주요 형질 몸은 긴사각형으로 다소 볼록하다. 전체적으로 검은색이며 밝은 회갈색 털로 덮여 있다. 몸에 2줄의 갈색 무늬가 있는데 머리의 눈 사이에서 딱지날개 앞 1/3지점의 양옆까지 넓게 나타나며, 딱지날개의 어두운 줄무늬는 앞가슴등판의 가운데에서 뒤쪽으로 비스듬히 있다. 주둥이는 수컷에서 1.5배, 암컷에서 1.3배 정도 앞가장자리의 너비보다 더 길다.

생태 특징
어른벌레는 5월에서 9월에 관찰된다. 어른벌레는 칡의 죽은 줄기에서 발견되었다.

국내 분포 전국적으로 분포한다.
국외 분포 일본, 중국에 분포한다.

회떡소바구미

Sphinctotropis laxa (Sharp, 1891)

형태 특징
크기 몸 길이는 4.2~8.0mm이다.
주요 형질 몸은 긴 알모양이며 딱지날개의 중앙에서 가장 넓다. 전체적으로 바탕색은 검은색이나 앞가슴등판의 뒷가장자리의 중앙, 작은방패판과 그 주변, 그리고 딱지날개에 회백색의 가로 털무늬가 있다. 두눈 사이의 폭이 눈 직경의 1/3~1/2이다. 주둥이는 너비보다 길이가 더 길며, 윗면에 3개의 세로 융기선이 있다. 다리에 띠 모양의 회백색 무늬가 있다.

생태 특징
어른벌레는 5월에서 8월에 관찰된다. 어른벌레는 참나무류의 죽은 가지에서 채집된다.

국내 분포 전국적으로 분포한다.
국외 분포 일본, 중국, 러시아에 분포한다.

딱부리소바구미

Sympaector rugirostris (Sharp, 1891)

형태 특징

크기 몸 길이는 6.1~11.0mm이다.

주요 형질 몸은 긴 알모양이며 딱지날개의 앞가장자리에서 가장 넓다. 전체적으로 바탕색은 검은색이나 황토색의 털들이 있다. 주둥이는 길이가 너비보다 뚜렷이 더 길고, 편평하다. 눈 사이에서 주둥이로 황토색의 털이 있다. 더듬이는 수컷은 딱지날개의 중앙에 이르며, 암컷은 딱지날개의 앞가장자리에 이른다. 앞가슴등판은 뒤쪽으로 넓어지며 가운데에 가로홈이 있으며 황토색의 무늬가 있다. 다리에 황토색의 띠 무늬가 있다.

생태 특징

어른벌레는 5월에서 9월에 관찰된다. 생태는 잘 알려지지 않았다.

국내 분포 전국적으로 분포한다.
국외 분포 일본, 러시아에 분포한다.

거위벌레

Apoderus jekelii Roelofs, 1874

형태 특징

크기 몸 길이는 6~10mm이다.

주요 형질 머리와 넓적다리마디의 일부를 제외한 다리는 검다. 앞가슴등판과 딱지날개는 붉은색이다. 딱지날개에 곰보 모양의 홈이 많다.

생태 특징

어른벌레는 5월에서 9월까지 관찰된다. 어른벌레는 오리나무, 물오리나무, 밤나무, 개암나무 등 다양한 활엽수에서 많이 관찰되며, 잎을 둥글게 말아 그 안에 알을 낳는다.

국내 분포 전국적으로 분포한다.

국외 분포 일본, 러시아에 분포한다.

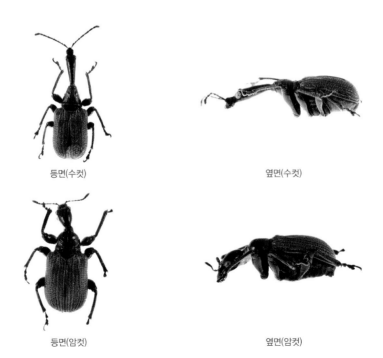

등면(수컷)　　　　　　　　　옆면(수컷)

등면(암컷)　　　　　　　　　옆면(암컷)

포도거위벌레

Byctiscus lacunipennis (Jekel, 1860)

형태 특징
크기 몸 길이는 4~5mm이다.
주요 형질 몸은 짧고 넓적하며 광택이 있다. 전체적으로 구리빛이 도는 검은색이다. 머리는 너비보다 길이가 더 길며 주둥이가 매우 길게 발달해 있다. 딱지날개는 사각형이며 울퉁불퉁하다.

생태 특징
어른벌레는 5월에서 7월에 관찰된다. 포도나 머루에서 발견된다. 잎을 말아 요람을 만들어 알을 낳는다.

국내 분포 · 전국적으로 분포한다.
국외 분포 중국, 일본, 러시아, 대만, 네팔, 동양구에 분포한다.

북방거위벌레

Compsapoderus erythropterus (Gmelin, 1790)

형태 특징
크기 몸 길이는 약 6mm이다.
주요 형질 몸은 짧고 넓적하며 광택이 있다. 전체적으로 검은색이다. 머리는 너비보다 길이가 더 길며 뒤쪽으로 좁아져 목을 형성한다. 딱지날개에 뚜렷한 구멍이 있다. 앞가슴등판의 앞쪽은 매우 좁고 뒤쪽으로 뚜렷이 넓어진다.

생태 특징
어른벌레는 4월에서 8월에 관찰된다. 장미과 식물에서 주로 발견된다. 개체수가 많아 쉽게 발견된다.

국내 분포 전국적으로 분포한다.
국외 분포 중국, 일본, 러시아, 카자흐스탄, 몽골, 유럽에 분포한다.

노랑배거위벌레

Cycnotrachelus cyanopterus (Motschulsky, 1860)

형태 특징
크기 몸 길이는 3.5~5.5mm이다.
주요 형질 몸은 짧고 넓적하며 광택이 있다. 전체적으로 검은색이나 배와 배끝마디의 등판은 노란색을 띤다. 머리는 길이가 더 길고 수컷이 암컷보다 뚜렷이 길다. 딱지날개에 뚜렷한 구멍이 있다. 앞가슴등판의 앞쪽은 매우 좁고 뒤쪽으로 뚜렷이 넓어진다.

생태 특징
어른벌레는 4월에서 6월에 관찰된다. 아카시아나 싸리나무류의 잎에서 흔하게 발견된다. 위협을 느끼면 아래로 떨어지며 날아간다.

국내 분포 전국적으로 분포한다.
국외 분포 중국, 일본, 러시아에 분포한다.

도토리거위벌레

Cyllorhynchites ursulus (Roelofs, 1874)

형태 특징
크기 몸 길이는 7~11mm이다.
주요 형질 몸은 길쭉하고 딱지날개는 사각형이며 주둥이가 길다. 딱지날개의 앞가장자리에서 가장 넓다. 전체적으로 황색의 긴 털로 덮여 있다. 더듬이는 주둥이의 끝 1/3지점에 있다. 앞가슴등판과 딱지날개 위의 구멍은 매우 울퉁불퉁하다.

생태 특징
어른벌레는 6월에서 9월에 관찰된다. 산지의 참나무류에서 발견된다.

국내 분포 전국적으로 분포한다.
국외 분포 일본에 분포한다.

왕거위벌레

Paracycnotrachelus chinensis (Jekel, 1860)

형태 특징
크기 몸 길이는 7.5~10.5mm이다.
주요 형질 몸은 붉은 갈색이다. 딱지날개, 종아리마디, 발목마디는 붉은색, 머리는 검은색
이다. 목이 매우 길고 뚜렷하다.

생태 특징
어른벌레는 5월에서 8월까지 관찰된다. 어른벌레는 참나무류에서 많이 관찰되며, 잎을 둥글게
말아 그 안에 알을 낳는다.

국내 분포 전국적으로 분포한다.
국외 분포 중국, 일본, 러시아에 분포한다.

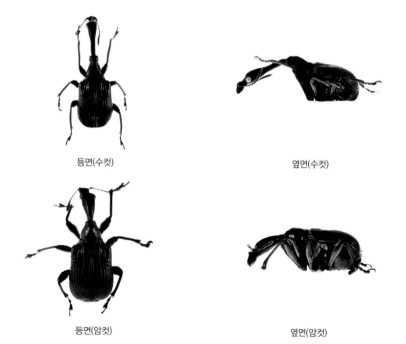

등면(수컷)

옆면(수컷)

등면(암컷)

옆면(암컷)

느릅나무혹거위벌레

Phymatapoderus latipennis (Jekel, 1860)

형태 특징
크기 몸 길이는 약 6mm이다.
주요 형질 몸은 짧고 넓적하며 광택이 있다. 전체적으로 검은색이며 더듬이, 다리, 배는 노란색이다. 뒷다리 넓적다리마디는 검은색이다. 머리는 너비보다 길이가 더 길며 뒤쪽으로 좁아져 목을 형성한다. 딱지날개에 여러개의 작은 돌기가 있다. 앞가슴등판은 뒤쪽으로 뚜렷이 넓어진다.

생태 특징
어른벌레는 6월에 관찰된다. 모시풀류에서 발견되며 요람을 만들어 알을 낳는다.

국내 분포 전국적으로 분포한다.
국외 분포 중국, 일본, 대만, 몽골, 동양구에 분포한다.

복숭아거위벌레

Rhynchites heros Roelofs, 1874

형태 특징

크기 몸 길이는 7~10mm이다.

주요 형질 몸은 짧고 넓적하며 강한 광택이 있다. 전체적으로 보랏빛을 띠는 자주색이다. 주둥이가 매우 길다. 앞가슴등판은 뒤쪽으로 넓어지며 촘촘하고 뚜렷한 구멍이 있다. 딱지날 개의 구멍은 앞가슴등판보다 뚜렷이 크다.

생태 특징

어른벌레는 5월에서 6월에 관찰된다. 복숭아나무의 열매에 구멍을 뚫고 알을 낳는다.

국내 분포 전국적으로 분포한다.
국외 분포 중국, 일본, 러시아에 분포한다.

엉겅퀴창주둥이바구미

Piezotrachelus japonicum (Roelofs, 1874)

형태 특징

크기 몸 길이는 2.8~3.1mm이다.

주요 형질 몸은 길쭉하고 위아래로 볼록하며 광택이 있다. 전체적으로 푸른빛을 띠는 검은색이다. 주둥이의 길이는 머리와 앞가슴등판의 길이를 더한 것과 비슷하다. 눈은 돌출되어 있다. 앞가슴등판은 길이가 더 길다. 딱지날개는 알모양이고, 중앙 뒤쪽에서 넓어진다. 점각렬은 뚜렷하다.

생태 특징

어른벌레는 4월에서 6월까지 관찰된다. 어른벌레는 지칭개, 엉겅퀴 등에서 흔히 발견된다.

국내 분포 전국적으로 분포한다.
국외 분포 중국, 일본, 대만, 동양구에 분포한다.

다리가시뭉뚝바구미

Anosimus decoratus Roelofs, 1873

형태 특징
크기 몸 길이는 3.8~4.0mm이다.
주요 형질 몸은 비교적 짧고 딱지날개의 중앙에서 가장 넓다. 전체적으로 어두운 갈색을 띠나, 다리와 더듬이는 적갈색을 띠고, 표면에 구리빛의 인편이 있으며 딱지날개에 반문이 있다. 더듬이는 딱지날개의 중앙에 이르고 눈은 크다. 앞가슴등판은 가운데에서 가장 넓고 뒤쪽으로 약간 좁아진다. 딱지날개의 앞가장자리는 앞가슴등판의 뒷가장자리보다 넓다. 딱지날개의 점각렬은 뚜렷하다.

생태 특징
어른벌레는 5월에서 8월에 관찰된다. 어른벌레는 참나무류의 어린잎을 먹는다.

국내 분포 전국적으로 분포한다.
국외 분포 일본에 분포한다.

흰점박이꽃바구미

Anthinobaris dispilota (Solsky, 1870)

형태 특징

크기 몸 길이는 5~7.0mm이다.

주요 형질 몸은 긴 타원형이며 두껍다. 앞가슴등판과 딱지날개에는 노란색에서 흰색의 인편이 뚜렷하고 배면은 알모양의 인편으로 덮여있다. 더듬이는 주둥이의 중앙 뒤에서 나온다. 앞가슴등판의 앞가장자리는 뭉툭하다. 뒷다리, 넓적다리마디의 뒷 가운데에 얕은 홈이 있다.

생태 특징

어른벌레는 6월에서 8월에 관찰된다. 어른벌레는 다양한 꽃에서 흔하게 관찰된다.

국내 분포 전국적으로 분포한다.
국외 분포 중국, 일본, 러시아에 분포한다.

가슴골좁쌀바구미

Cardipennis sulcithorax (Hustache, 1916)

형태 특징

크기 몸 길이는 2.5~2.8mm이다.

주요 형질 몸은 짧고 둥글고 딱지날개 앞쪽 1/5지점에서 가장 넓다. 전체적으로 검은색이나
회백색의 비늘로 덮여 있다. 주둥이는 가늘고 뒷가슴배판의 앞가장자리에 이른다. 더듬이는
주둥이의 기부 3/5지점에서 나온다. 앞가슴등판은 뒤쪽으로 점점 넓어진다. 점각렬은 뚜렷하다.

생태 특징

어른벌레는 3월에서 9월에 관찰된다. 어른벌레는 환삼덩굴에서 채집되며, 흔하게 발견된다.

국내 분포 전국적으로 분포한다.
국외 분포 일본, 중국, 러시아에 분포한다.

흰줄왕바구미

Cryptoderma fortunei (Waterhouse, 1853)

형태 특징
크기 몸 길이는 9~15mm이다.
주요 형질 몸은 길고 두꺼우며 매우 강하게 경화되어 있다. 전체적으로 갈색을 띠고 앞가슴 등판의 가운데와 양쪽 가장자리에 가늘고 흰 줄이 있다. 딱지날개에 굵은 흰 줄무늬가 있다. 뚜렷한 돌기가 몸 전체에 있다.

생태 특징
어른벌레는 5월에서 8월에 관찰된다. 활엽수림에서 발견된다.

국내 분포 중부와 남부지역에 분포한다.
국외 분포 중국, 일본, 대만에 분포한다.

도토리밤바구미
Curculio dentipes (Roelofs, 1874)

형태 특징
크기 몸 길이는 5.5~15mm이다.

주요 형질 몸은 알모양에서 긴 알모양이다. 전체적으로 갈색에서 어두운 갈색이며 앞가슴 등판의 중앙과 양옆에 흰색의 세로 줄무늬가 있고, 딱지날개는 밝은 갈색의 점무늬 들이 있다. 밤바구니보다 다리가 더 굵다. 작은방패판은 적갈색의 인편으로 덮여 있다.

생태 특징
어른벌레는 4월에서 9월에 관찰된다. 어른빌레는 참나무류의 어린 싹이나 잎을 먹는다.

국내 분포 전국적으로 분포한다.
국외 분포 중국, 일본, 러시아에 분포한다.

검정밤바구미

Curculio distinguendus (Roelofs, 1874)

형태 특징

크기 몸 길이는 5.5~8mm이다.

주요 형질 몸은 넓은 알모양이다. 전체적으로 검은색이며 황백색의 털이 있다. 일곱째 더듬이 마디는 곤봉부의 첫째 마디보다 길다. 작은방패판은 회황색이다. 딱지날개에 흰색의 작은 점들이 있다.

생태 특징

어른벌레는 8월에서 9월에 관찰된다. 어른벌레는 상수리나무에서 발견되며 애벌레는 개암나무의 열매 등에서 발견된다.

국내 분포 중부와 남부지역에 분포한다.
국외 분포 중국, 일본, 러시아에 분포한다.

혹바구미

Episomus turritus (Gyllenhal, 1833)

형태 특징

크기 몸 길이는 13~17mm이다.

주요 형질 머리는 작고 배 끝으로 갈수록 점점 두꺼워진다. 주둥이는 뭉툭하다. 몸에 회백색 인편이 있어 회백색으로 보인다. 머리 가운데에 세로로 큰 홈이 있다. 배끝에 뚜렷하게 돌출된 부분이 있다.

생태 특징

어른벌레는 5월에서 9월까지 관찰된다. 어른벌레는 칡잎을 주로 먹는다. 건드리면 땅으로 떨어져 죽은척 한다.

국내 분포 전국적으로 분포한다.

국외 분포 중국, 일본, 인도에 분포한다.

극동버들바구미

Eucryptorrhynchus brandti (Harold, 1881)

형태 특징

크기 몸 길이는 약 11mm이다.

주요 형질 몸은 긴 타원형으로 두껍고 울퉁불퉁하며 광택이 있다. 머리와 딱지날개, 다리는 검은색이고 앞가슴등판은 흰색이며 딱지날개에 흰 무늬가 흩어져 있고 끝이 흰색이다. 몸의 점각이 뚜렷하고 넓적다리마디가 부풀어 있다.

생태 특징

어른벌레는 4월에서 11월까지 관찰된다. 새똥과 비슷하게 생겼으며 가죽나무에서 쉽게 발견된다.

국내 분포 전국적으로 분포한다.
국외 분포 중국, 일본, 러시아, 동양구에 분포한다.

쌍무늬바구미

Eugnathus distinctus Roelofs, 1873

형태 특징

크기 몸 길이는 3.6~7.5mm이다.

주요 형질 몸은 길쭉한 알 모양이다. 전체적으로 녹색을 띠는 비늘이 촘촘히 덮여 있으며 금속 광택이 있다. 더듬이는 가늘고 앞가슴등판의 중앙에 이른다. 눈은 크고 돌출되지 않았다. 앞가슴등판은 머리의 길이와 비슷하며 딱지날개의 앞가장자리보다 뚜렷이 좁다. 딱지날개의 중앙에 한 쌍의 가로 점 무늬가 있으며 점각렬이 뚜렷하다.

생태 특징

어른벌레는 5월에서 7월에 관찰된다. 어른벌레는 주로 싸리나무나 칡과 같은 콩과 식물에서 발견된다.

국내 분포 전국적으로 분포한다.

국외 분포 일본, 중국, 대만에 분포한다.

솔곰보바구미

Hylobius haroldi Faust, 1882

형태 특징

크기 몸 길이는 7~13mm이다.

주요 형질 몸은 긴 원통형이며 두껍고 딱지날개의 앞가장자리에서 가장 넓다. 전체적으로 적갈색이며 노란 점무늬가 있다. 주둥이는 짧고 굵다. 더듬이는 세마디가 곤봉이다. 앞가슴 등판은 뒤쪽으로 점점 넓어진다. 딱지날개는 뒤쪽으로 약간 좁아진다.

생태 특징

어른벌레는 6월에서 7월에 관찰된다. 주로 침엽수에서 발견된다. 벌채목에서도 흔히 관찰된다. 애벌레로 겨울을 난다.

국내 분포 전국적으로 분포한다.
국외 분포 중국, 일본, 러시아에 분포한다.

알팔파바구미

Hypera postica Gyllenhal, 1813

형태 특징

크기 몸 길이는 5~6mm이다.

주요 형질 몸은 긴 타원형이며 통통하고 딱지날개의 뒤쪽 1/3지점에서 가장 넓다. 전체적으로 갈색이며 밝은 갈색에서 어두운 갈색의 무늬가 있다. 몸의 중앙을 따라 어두운 갈색의 무늬가 있다.

생태 특징

어른벌레는 2월에서 5월에 관찰된다. 자운영, 알팔파, 레드크로버 등의 녹비작물과 콩과 작물의 해충이다.

국내 분포 전국적으로 분포한다.

국외 분포 중국, 일본, 몽골, 아프카니스탄, 사이프러스, 이란, 이라크, 이스라엘, 키르키즈스탄, 카자흐스탄, 시리아, 투르크메니스탄, 터키, 우즈베키스탄, 유럽, 신북구에 분포한다.

채소바구미

Listroderes costirostris Schoenherr, 1826

형태 특징
크기 몸 길이는 7~8mm이다.
주요 형질 몸은 길쭉하고 위아래로 두껍다. 전체적으로 회갈색에서 갈색이며 회백색의
털무늬가 있다. 주둥이는 짧고 두껍다. 앞가슴등판은 넓적하고 딱지날개의 앞가장자리보다
뚜렷이 좁다. 딱지날개에 센털이 많다.

생태 특징
어른벌레는 5월에서 10월에 관찰된다. 어른벌레는 십자화과 식물이나 개망초 등에서 발견된
다.

국내 분포 전국적으로 분포한다.
국외 분포 중국, 대만, 신북구, 신열대구, 동양구, 오세아니아구, 아프라카구에 분포한다.

흰띠길쭉바구미

Lixus acutipennis (Roelofs, 1873)

형태 특징

크기 몸 길이는 9~14mm이다.

주요 형질 몸은 긴 타원형으로 흰털로 덮여있다. 주둥이는 길고 굵다. 앞가슴등판의 옆과 딱지날개의 가운데에 기울어진 3개의 띠무늬가 있다. 더듬이는 적갈색이다.

생태 특징

어른벌레는 5월에서 8월까지 관찰된다. 어른벌레는 봄부터 초여름 사이에 쑥과 같은 풀에서 주로 발견된다.

국내 분포 전국적으로 분포한다.

국외 분포 중국, 일본에 분포한다.

점박이길쭉바구미

Lixus maculatus Roelofs, 1873

형태 특징
크기 몸 길이는 6.5~12.5mm이다.
주요 형질 몸은 가늘고 길쭉하다. 전체적으로 주황색 가루가 덮여 있으나 노화되거나 잘못 관리된 표본의 경우 가루가 벗겨져 검게 보이기도 한다. 주둥이는 앞가슴등판보다 길고 끝이 뭉툭하다. 앞가슴등판은 뒤쪽으로 조금씩 넓어진다. 딱지날개는 뒤쪽으로 점점 좁아진다.

생태 특징
어른벌레는 4월에서 9월에 관찰된다. 어른벌레는 야산의 쑥 등에서 발견된다.

국내 분포 북부와 중부지역에 분포한다.
국외 분포 중국, 일본, 러시아, 몽골에 분포한다.

거미바구미

Metialma signifera Pascoe, 1871

형태 특징
크기 몸 길이는 3.5~3.9mm이다.
주요 형질 몸은 비교적 짧고 딱지날개의 앞가장자리에서 가장 넓다. 전체적으로 검은색이나 어두운 갈색의 비늘이 있고, 회백색의 털이 지그재그 모양으로 덮여 있다. 눈은 매우 커서 머리의 대부분을 차지한다. 더듬이의 곤봉부는 짧은 알 모양이다. 앞가슴등판은 너비가 약간 더 넓으며, 뒷가장자리 중앙에 돌출된 엽이 있다. 작은방패판은 좁고 길다.

생태 특징
어른벌레는 5월에서 8월에 관찰된다. 잘 알려지지 않았으나 물봉선 어린잎을 먹는 것이 관찰된 적있다.

국내 분포 전국적으로 분포한다.
국외 분포 일본, 중국, 러시아, 홍콩에 분포한다.

상수리주둥이바구미

Myllocerus nigromaculatus Roelofs, 1873

형태 특징

크기 몸 길이는 5.3~6.0mm이다.

주요 형질 몸은 길쭉하고 가운데에서 가장 넓다. 몸의 색은 검은색이고 더듬이는 적갈색이나 몸의 표면에 금녹색의 인편이 덮여있어 금록색으로 보인다. 눈은 계란형이며 돌출해 있다. 앞가슴등판의 옆은 거의 직선이다. 딱지날개의 기부는 다소 길어져 전후연의 일부를 덮는다. 넓적다리마디는 안쪽에 1개의 돌기가 있다.

생태 특징

어른벌레는 5월에서 8월에 관찰된다. 어른벌레는 참나무류의 잎을 먹는다.

국내 분포 전국적으로 분포한다.

국외 분포 중국, 일본에 분포한다.

사과곰보바구미

Pimelocerus exsculptus (Roelofs, 1876)

형태 특징
크기 몸 길이는 13~16mm이다.
주요 형질 몸은 길쭉하고 위아래로 볼록하다. 전체적으로 어두운 갈색이고, 더듬이, 발목마디는 갈색을 띠며 노란색 털로 덮여 있다. 주둥이와 앞가슴등판의 길이는 같다. 앞가슴등판은 너비가 약간 더 넓고, 가운데에서 가장 넓으며 앞과 뒤로 점점 좁아진다. 딱지날개는 앞가슴등판보다 뚜렷이 넓다.

생태 특징
어른벌레는 5월에서 8월에 관찰된다. 사과나무, 복숭아나무, 버드나무 등에서 발견된다.

국내 분포 중부와 남부지역에 분포한다.
국외 분포 중국, 일본에 분포한다.

천궁표주박바구미

Scepticus griseus (Roelofs, 1873)

형태 특징
크기 몸 길이는 6.5~8.2mm이다.
주요 형질 몸은 약간 긴 타원형으로 광택이 없다. 전체적으로 회백색 인편이 조밀하게 덮여
있다. 더듬이는 짧고 끝이 곤봉모양이다. 앞가슴등판은 양옆이 둥글며 뒤쪽을 약간 넓어진다.
딱지날개의 가운데에서 가장 넓고 끝은 뾰족하다.

생태 특징
어른벌레는 5월에서 10월까지 관찰된다. 어른벌레는 건조한 내륙에 서식하며 천궁을 가해한
다.

국내 분포 중부지역에 분포한다.
국외 분포 일본에 분포한다.

왕바구미

Sipalinus gigas (Fabricius, 1775)

형태 특징
크기 몸 길이는 12~29mm이다.
주요 형질 몸은 검은색에서 어두운 갈색이며, 등면이 곰보 모양으로 울퉁불퉁하다. 눈은 길고 머리의 옆에 있으며, 아래쪽이 서로 인접하다. 종아리마디에 한 개의 갈고리가 있다.

생태 특징
어른벌레는 5월에서 9월까지 관찰된다. 어른벌레는 여러 고사목에서 발견되고, 다양한 활엽수의 진을 먹는다. 애벌레는 소나무 속을 먹고 자란다.

국내 분포 전국적으로 분포한다.
국외 분포 중국, 일본, 러시아, 대만, 동양구에 분포한다.

루이스긴나무좀

Platypus lewisi Blandford, 1894

형태 특징

크기 몸 길이는 5.0~6.0mm이다.

주요 형질 몸은 길고 원통형이다. 전체적으로 적갈색이다. 눈은 크고 잘 발달되어 있으며 약간 돌출되어 있다. 앞가슴등판은 원통형이며 길쭉하다. 딱지날개에는 점각렬이 뚜렷하며 끝에 돌기가 있다.

생태 특징

어른벌레는 4월에서 11월에 관찰된다. 참나무에 구멍을 파고 사는 것으로 알려져 있다.

국내 분포 전국적으로 분포한다.

국외 분포 일본, 중국, 대만, 부탄, 동양구에 분포한다.

벼물바구미

Lissorhoptrus oryzophilus Kuschel, 1952

형태 특징
크기 몸 길이는 2.5~3.5mm이다.
주요 형질 몸은 긴 알모양이며 위아래로 볼록하다. 전체적으로 회갈색이며 앞가슴등판과 딱지날개에 큰 어두운 갈색의 무늬가 있다. 주둥이와 더듬이는 비교적 짧다. 앞가슴등판은 너비가 길이보다 약간 더 넓다. 딱지날개의 점각렬은 비교적 뚜렷하다. 몸 전체에 작은 구멍이 많다.

생태 특징
어른벌레는 4월에서 9월에 관찰된다. 어른벌레는 물속 벼 줄기 속에 알을 낳고, 부화한 애벌레는 벼 잎을 갉아먹고 벼의 뿌리 속으로 들어가 성장한다. 논과 인근 산림의 낙엽이나 흙 속에서 어른벌레로 겨울을 난다.

국내 분포 전국적으로 분포한다.
국외 분포 일본, 중국, 러시아, 신북구, 신열대구에 분포한다.

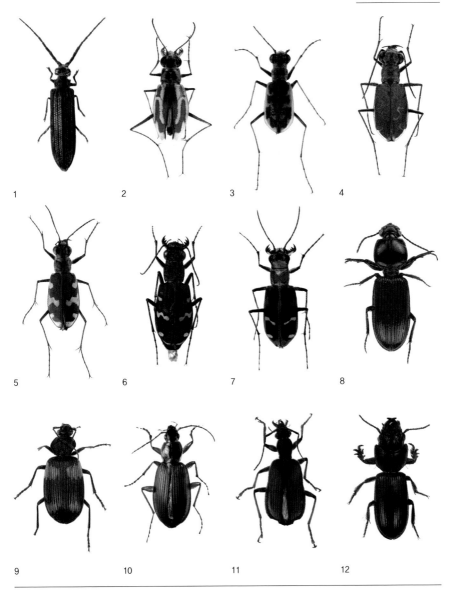

1　　　　2　　　　3　　　　4

5　　　　6　　　　7　　　　8

9　　　　10　　　　11　　　　12

1. 곰보벌레 *Tenomerga anguliscutus* 18

2. 닻무늬길앞잡이 *Abroscelis anchoralis* 19

3. 무녀길앞잡이 *Cicindela chiloleuca* 20

4. 꼬마길앞잡이 *Cicindela elisae* 21

5. 큰무늬길앞잡이 *Cicindela lewisii* 22

6. 아이누길앞잡이 *Cicindela gemmata* 23

7. 길앞잡이 *Cicindela chinensis* 24

8. 애조롱박먼지벌레 *Clivina castanea* 25

9. 큰털보먼지벌레 *Dischissus mirandus* 26

10. 등빨간먼지벌레 *Dolichus halensis* 27

11. 청띠호리먼지벌레 *Drypta japonica* 28

12. 가는조롱박먼지벌레 *Scarites acutidens* 29

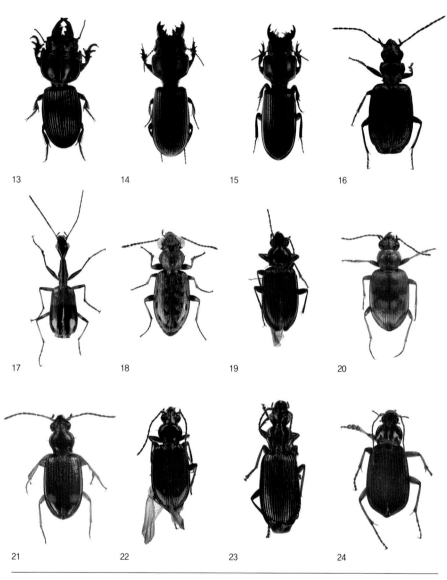

13   14   15   16

17   18   19   20

21   22   23   24

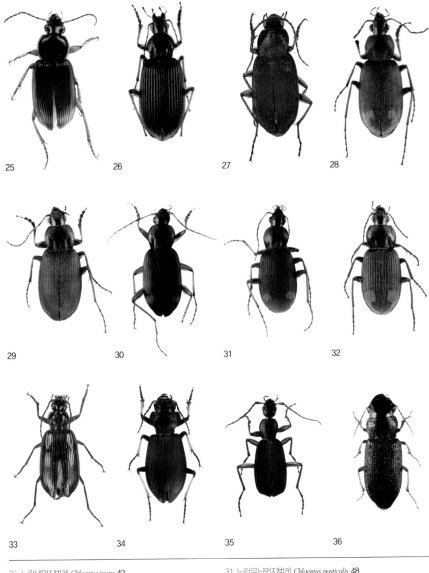

25　　　　26　　　　27　　　　28

29　　　　30　　　　31　　　　32

33　　　　34　　　　35　　　　36

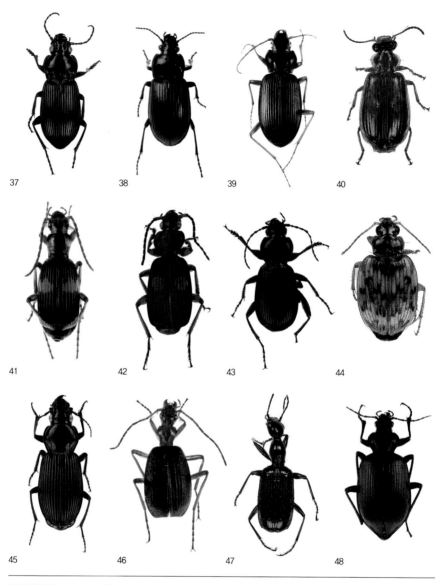

37

38

39

40

41

42

43

44

45

46

47

48

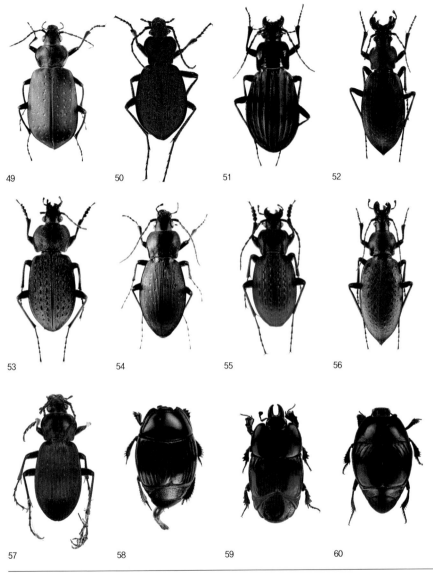

49　　　　　50　　　　　51　　　　　52

53　　　　　54　　　　　55　　　　　56

57　　　　　58　　　　　59　　　　　60

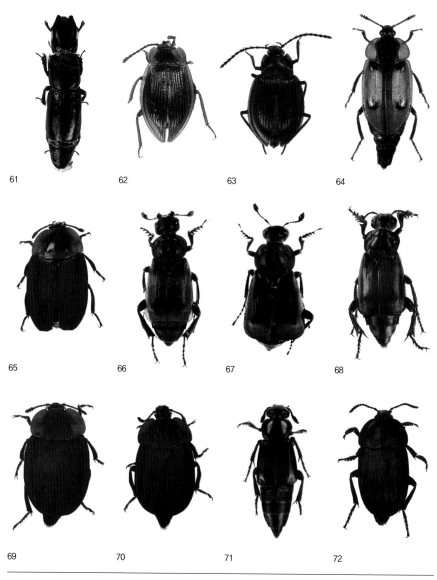

61　　　　　62　　　　　63　　　　　64

65　　　　　66　　　　　67　　　　　68

69　　　　　70　　　　　71　　　　　72

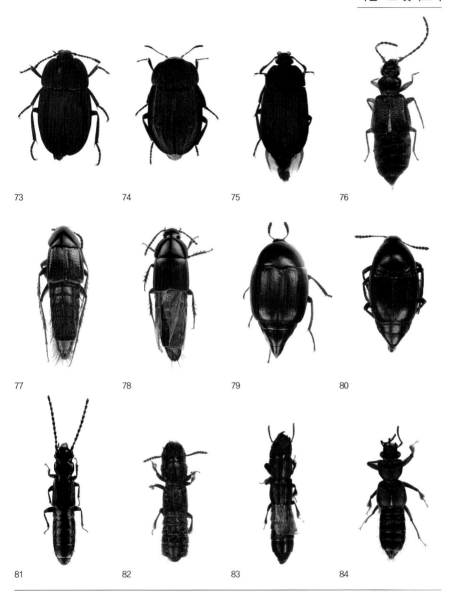

73　　　　　　74　　　　　　75　　　　　　76

77　　　　　　78　　　　　　79　　　　　　80

81　　　　　　82　　　　　　83　　　　　　84

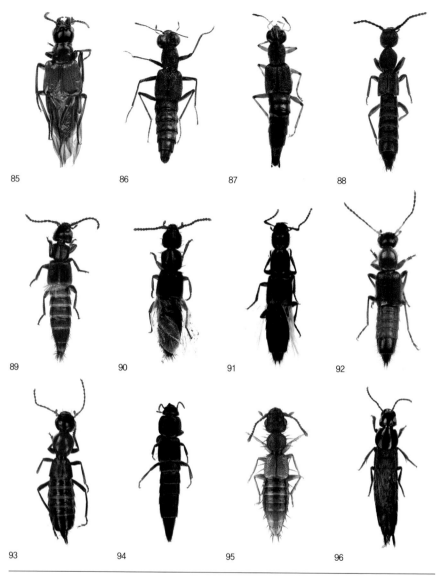

85　　　　86　　　　87　　　　88

89　　　　90　　　　91　　　　92

93　　　　94　　　　95　　　　96

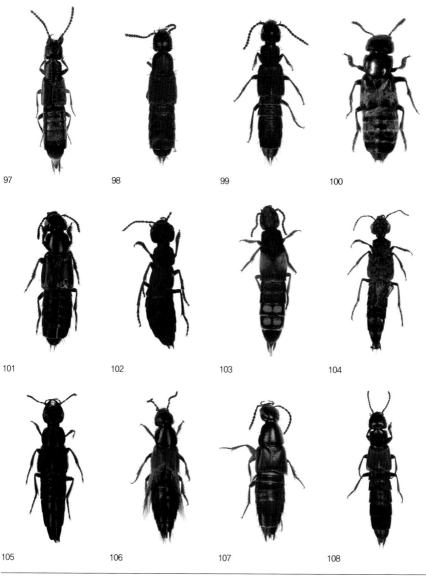

97   98   99   100

101   102   103   104

105   106   107   108

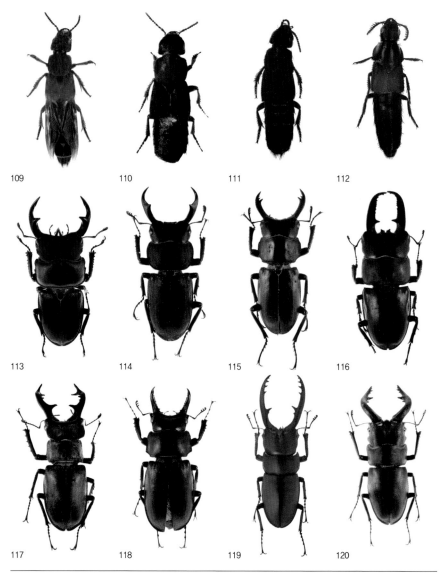

109 110 111 112

113 114 115 116

117 118 119 120

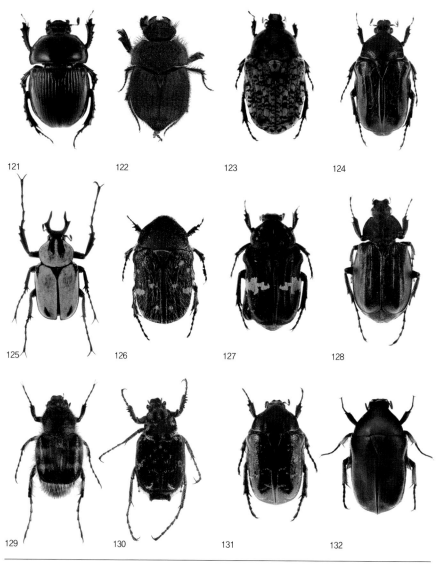

121 122 123 124

125 126 127 128

129 130 131 132

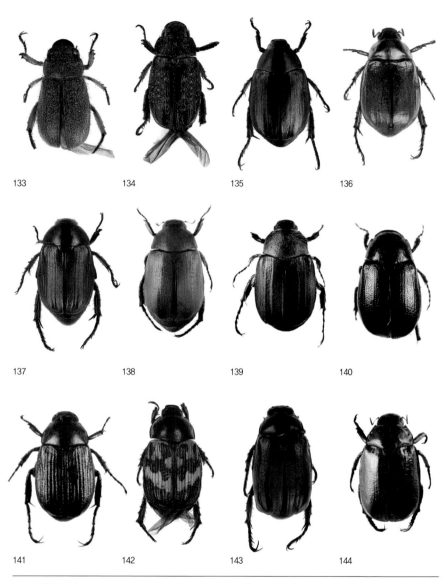

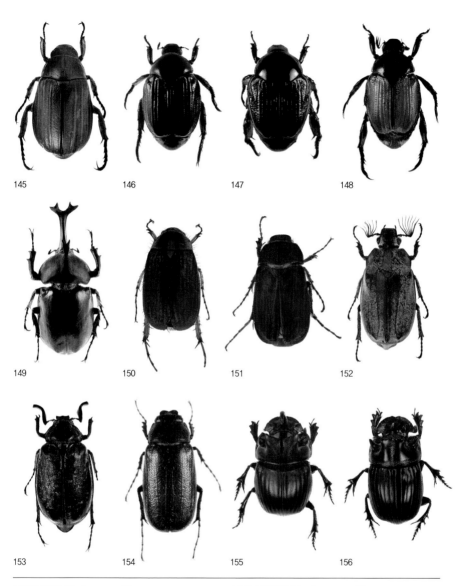

145   146   147   148

149   150   151   152

153   154   155   156

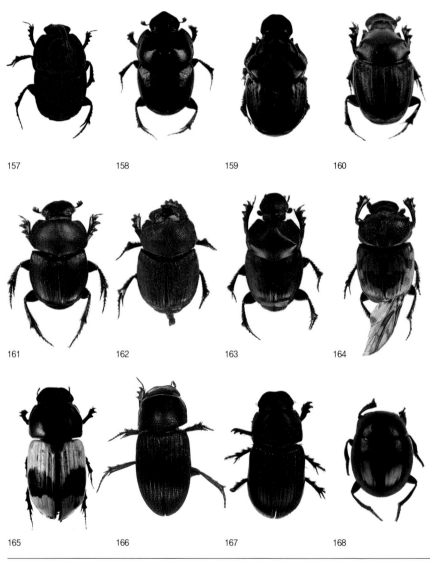

157

158

159

160

161

162

163

164

165

166

167

168

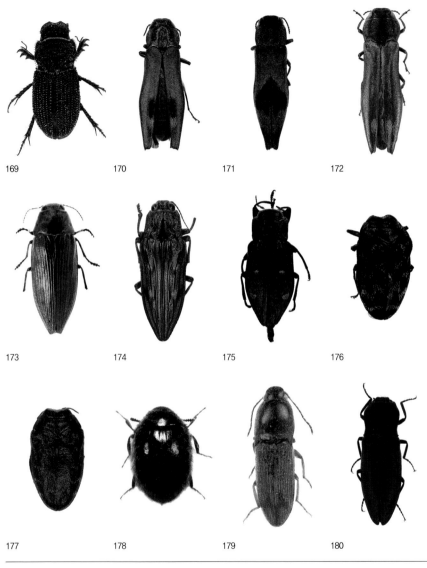

169

170

171

172

173

174

175

176

177

178

179

180

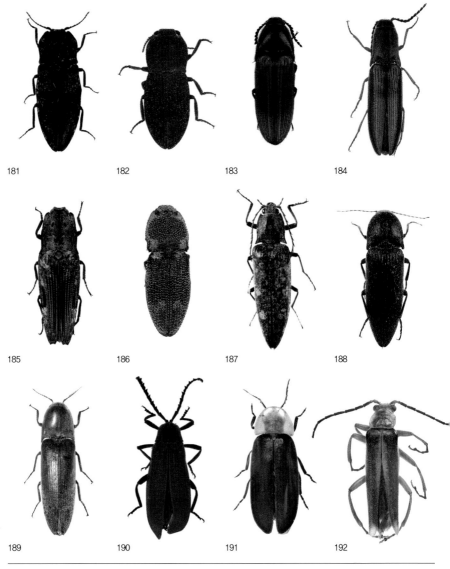

181 182 183 184

185 186 187 188

189 190 191 192

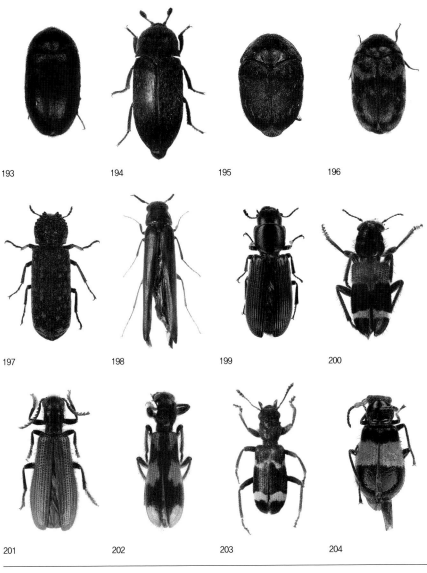

193   194   195   196

197   198   199   200

201   202   203   204

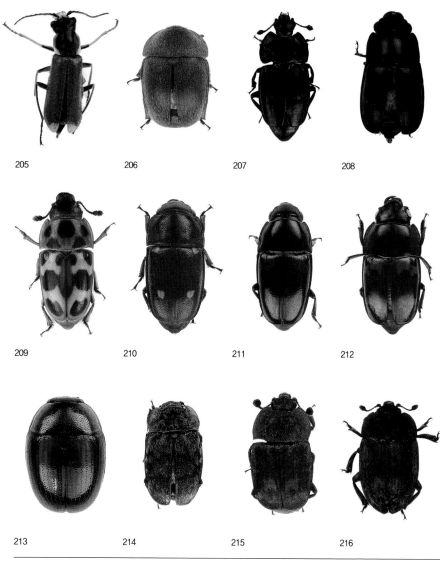

205   206   207   208

209   210   211   212

213   214   215   216

205. 노랑무늬의병벌레 *Malachius prolongatus* 222

206. 큰가슴납작밑빠진벌레 *Cychramus luteus* 223

207. 붉이큰납작밑빠진벌레 *Epuraea pseudosoronia* 224

208. 네눈박이밑빠진벌레 *Glischrochilus japonicus* 225

209. 국명미정 *Glischrochilus pantherinus* 226

210. 탈무늬밑빠진벌레 *Glischrochilus parvipustulatus* 227

211. 국명미정 *Glischrochilus rufiventris* 228

212. 네무늬밑빠진벌레 *Glischrochilus ipsoides* 229

213. 국명미정 *Neopallodes omogonis* 230

214. 국명미정 *Omosita discoidea* 231

215. 구름무늬납작밑빠진벌레 *Omosita japonica* 232

216. 갈색무늬납작밑빠진벌레 *Phenolia pictus* 233

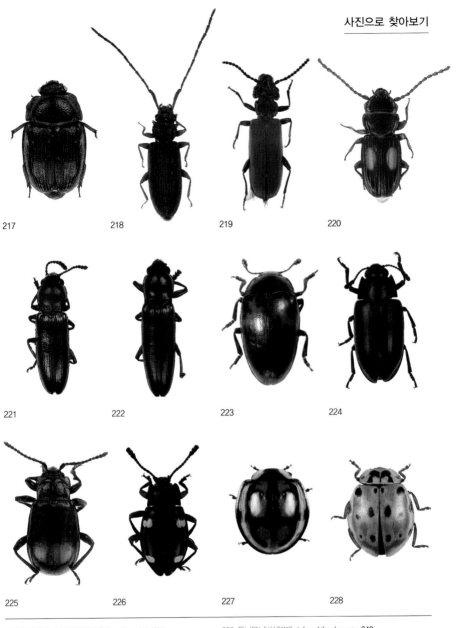

217　218　219　220

221　222　223　224

225　226　227　228

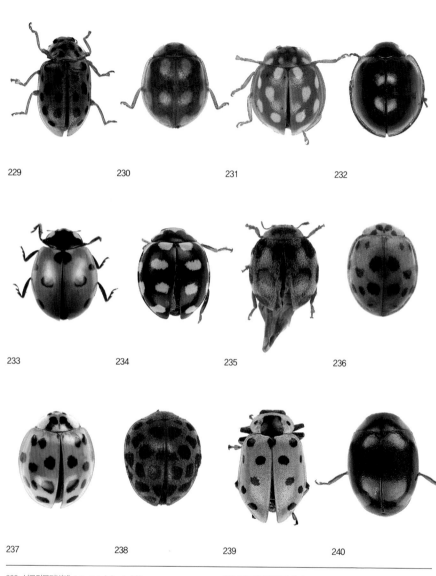

229 230 231 232

233 234 235 236

237 238 239 240

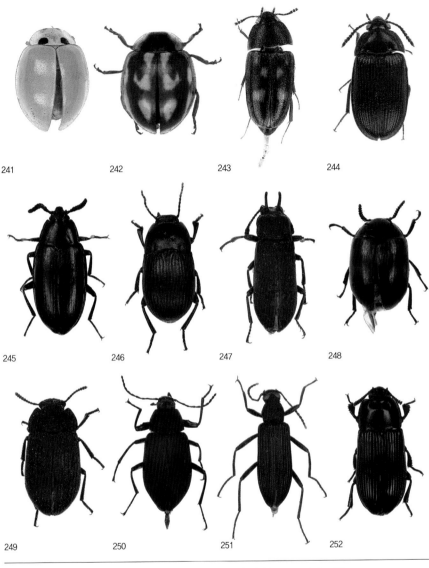

241 242 243 244

245 246 247 248

249 250 251 252

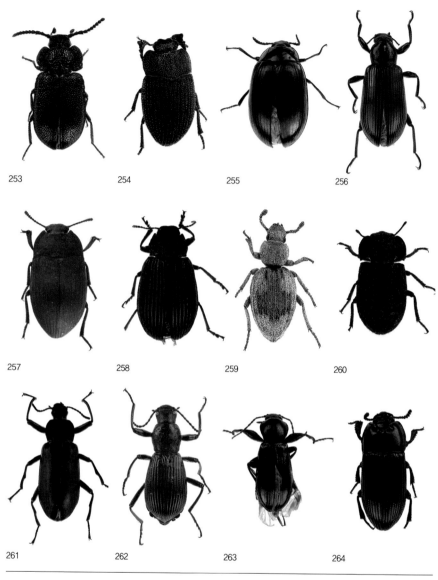

253

254

255

256

257

258

259

260

261

262

263

264

253. 묘향산거저리 *Anaedus mroczkowskii* 270

254. 모래붙이거저리 *Caedius marinus* 271

255. 구슬무당거저리 *Ceropria inducta* 272

256. 보라거저리 *Derosphaerus subviolaceus* 273

257. 모래거저리 *Gonocephalum pubens* 274

258. 강변거저리 *Heterotarsus carinula* 275

259. 바닷가거저리 *Idisia ornata* 276

260. 작은모래거저리 *Opatrum subaratum* 277

261. 대왕거저리 *Promethis valgipes* 278

262. 극동긴맴돌이거저리 *Stenophanes mesostena* 279

263. 다리방아거저리 *Tarpela cordicollis* 280

264. 뿔우묵거저리 *Uloma bonzica* 281

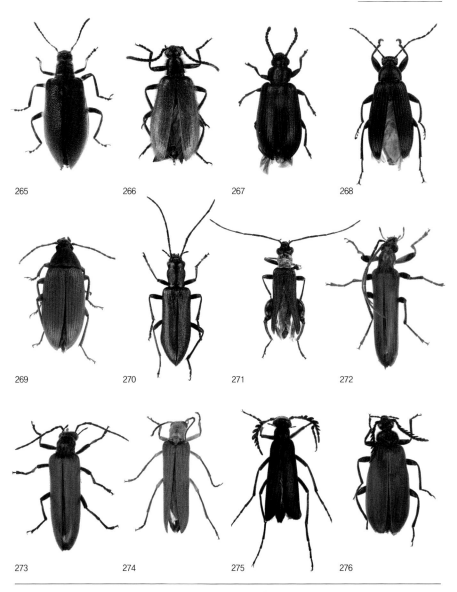

265   266   267   268

269   270   271   272

273   274   275   276

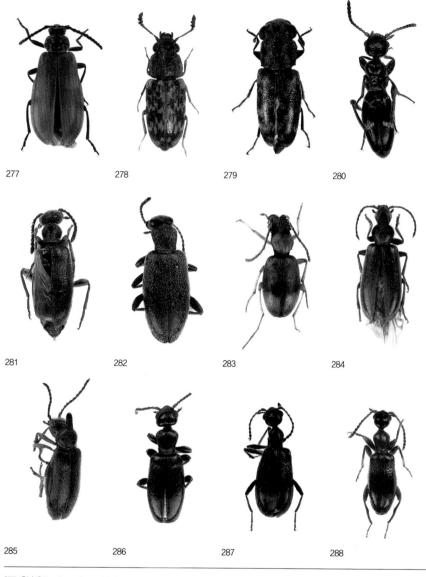

277

278

279

280

281

282

283

284

285

286

287

288

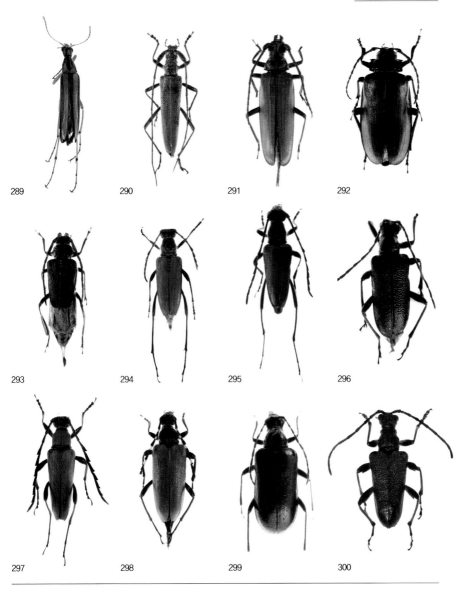

289   290   291   292

293   294   295   296

297   298   299   300

289. 목대장 *Cephaloon pallens* **306**

290. 깔따구하늘소 *Distenia gracilis* **307**

291. 버들하늘소 *Megopis sinica* **308**

292. 톱하늘소 *Prionus insularis* **309**

293. 반날개하늘소 *Psephactus remiger* **310**

294. 수검은산꽃하늘소 *Anastrangalia scotodes* **311**

295. 옆검은산꽃하늘소 *Anastrangalia sequensi* **312**

296. 작은청동하늘소 *Carilia virginea* **313**

297. 붉은산꽃하늘소 *Corymbia rubra* **314**

298. 알락수염붉은산꽃하늘소 *Corymbia variicornis* **315**

299. 남풀색하늘소 *Dinoptera minuta* **316**

300. 청동하늘소 *Gaurotes ussuriensis* **317**

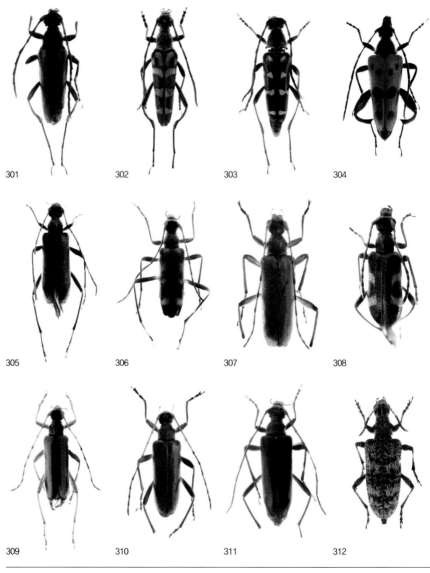

301

302

303

304

305

306

307

308

309

310

311

312

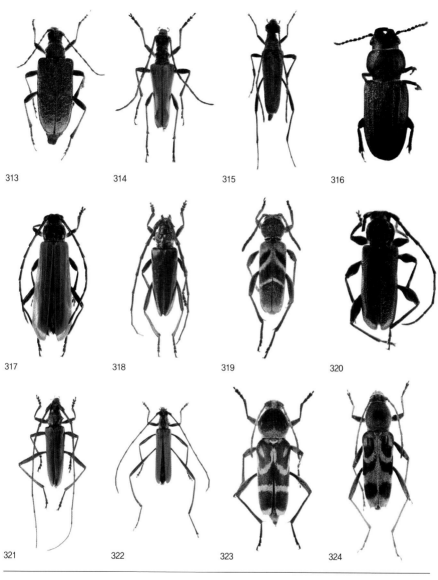

313   314   315   316

317   318   319   320

321   322   323   324

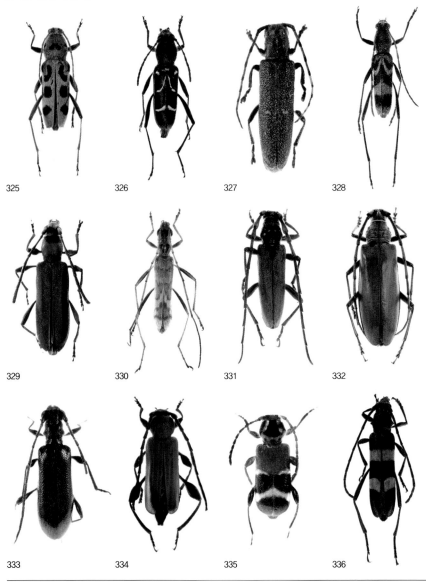

325

326

327

328

329

330

331

332

333

334

335

336

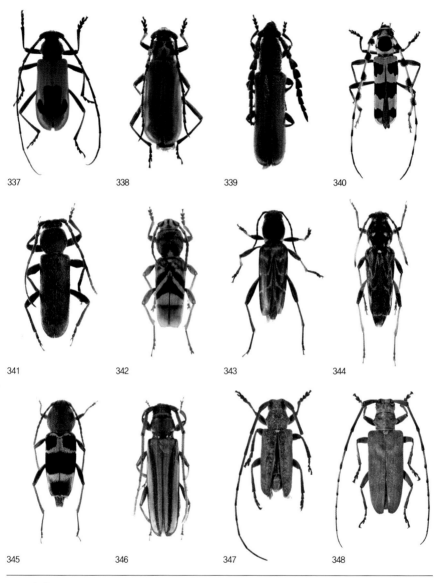

337   338   339   340

341   342   343   344

345   346   347   348

337. 모자주홍하늘소 *Purpuricenus lituratus* **354**

338. 주홍하늘소 *Purpuricenus temminckii* **355**

339. 굵은수염하늘소 *Pyrestes haematicus* **356**

340. 루리하늘소 *Rosalia coelestis* **357**

341. 털보하늘소 *Trichoferus campestris* **358**

342. 호랑하늘소 *Xylotrechus chinensis* **359**

343. 세줄호랑하늘소 *Xylotrechus cuneipennis* **360**

344. 별가슴호랑하늘소 *Xylotrechus grayii* **361**

345. 홍가슴호랑하늘소 *Xylotrechus rufilius* **362**

346. 청줄하늘소 *Xystrocera globosa* **363**

347. 애기우단하늘소 *Acalolepta degener* **364**

348. 우단하늘소 *Acalolepta fraudatrix* **365**

사진으로 찾아보기

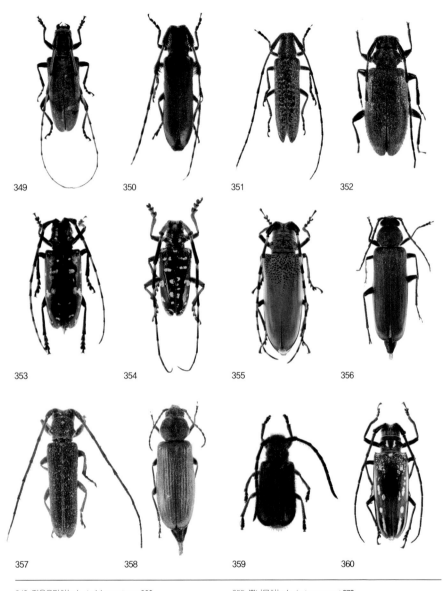

349

350

351

352

353

354

355

356

357

358

359

360

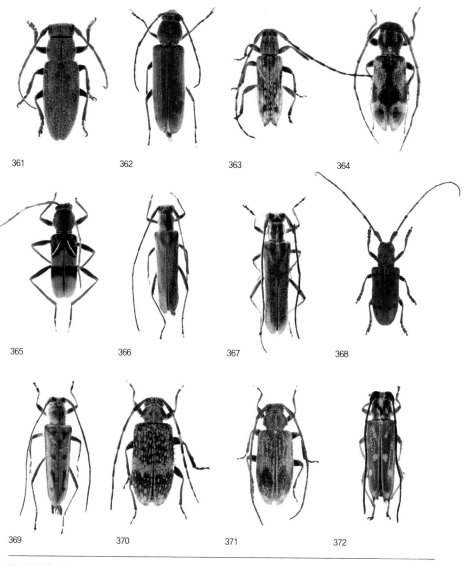

361

362

363

364

365

366

367

368

369

370

371

372

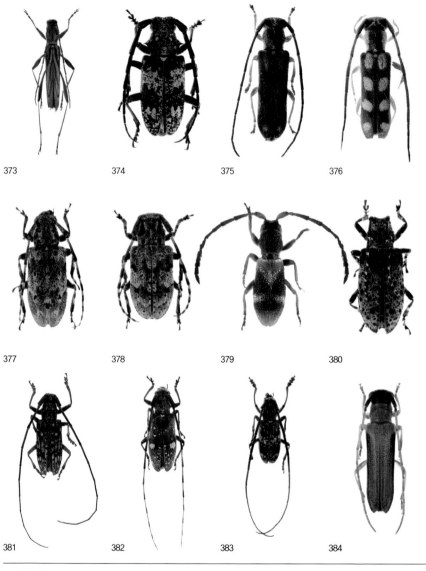

373

374

375

376

377

378

379

380

381

382

383

384

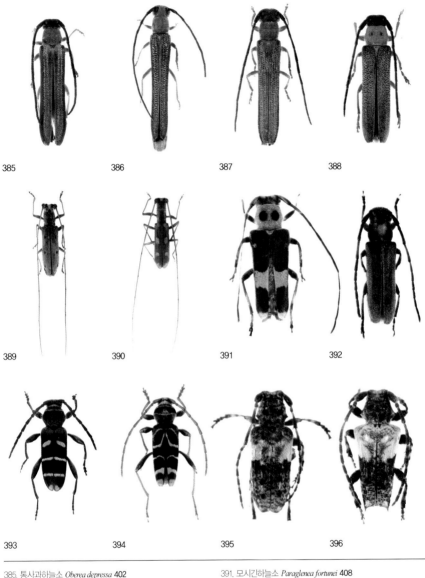

385 386 387 388

389 390 391 392

393 394 395 396

---

385. 통사과하늘소 *Oberea depressa* 402

386. 홀쭉사과하늘소 *Oberea fuscipennis* 403

387. 사과하늘소 *Oberea inclusa* 404

388. 두눈사과하늘소 *Oberea oculata* 405

389. 점박이염소하늘소 *Olenecamptus clarus* 406

390. 염소하늘소 *Olenecamptus octopustulatus* 407

391. 모시긴하늘소 *Paraglenea fortunei* 408

392. 국화하늘소 *Phytoecia rufiventris* 409

393. 소범하늘소 *Plagionotus christophi* 410

394. 작은소범하늘소 *Plagionotus pulcher* 411

395. 닮은새똥하늘소 *Pogonocherus fasciculatus* 412

396. 새똥하늘소 *Pogonocherus seminiveus* 413

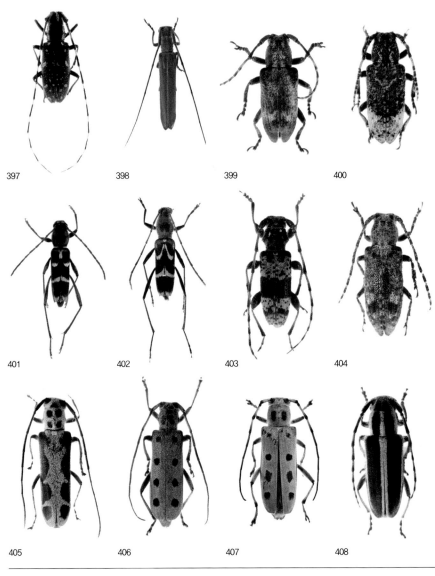

397   398   399   400

401   402   403   404

405   406   407   408

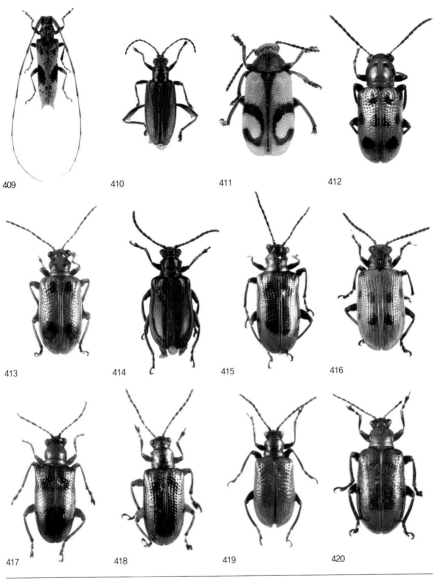

409

410

411

412

413

414

415

416

417

418

419

420

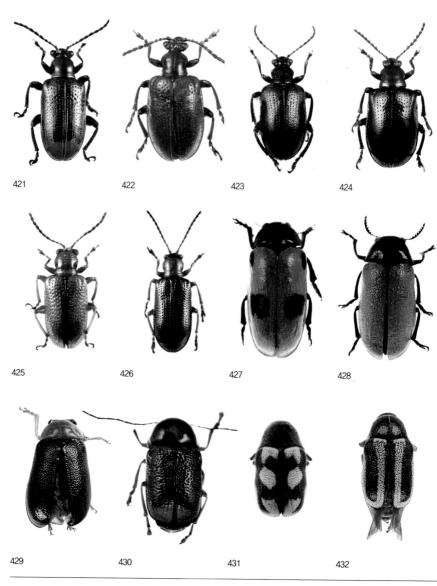

421

422

423

424

425

426

427

428

429

430

431

432

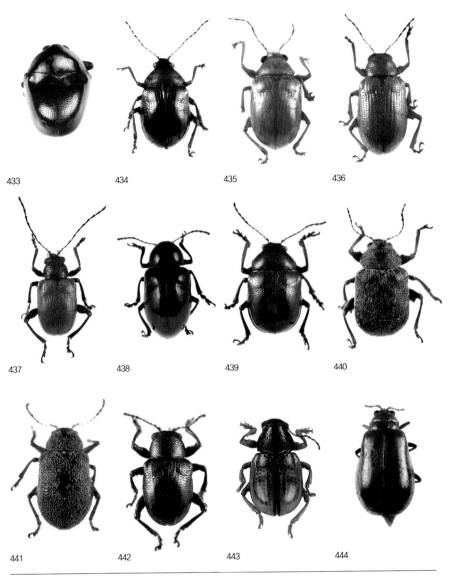

433

434

435

436

437

438

439

440

441

442

443

444

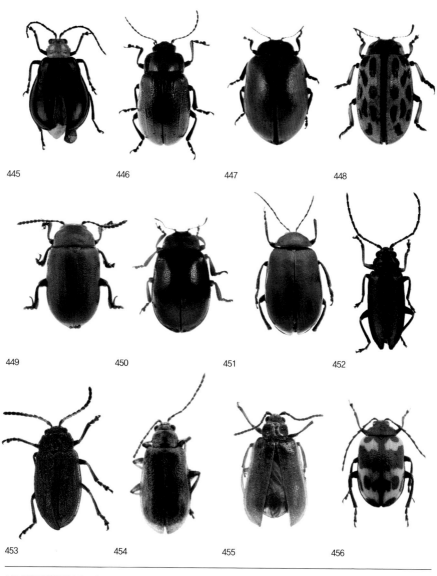

445

446

447

448

449

450

451

452

453

454

455

456

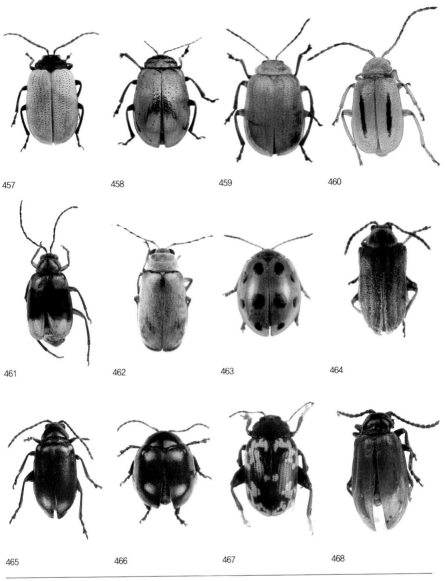

457

458

459

460

461

462

463

464

465

466

467

468

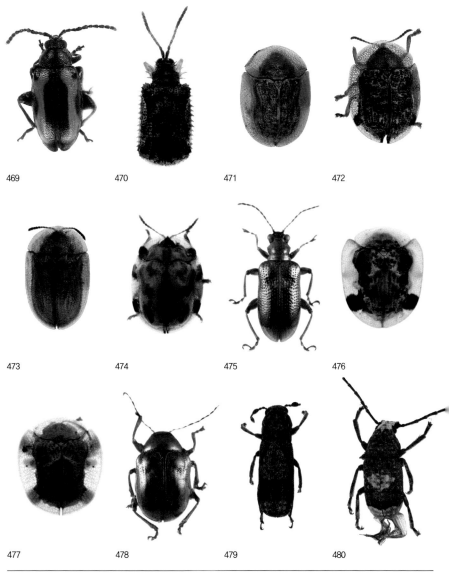

469   470   471   472

473   474   475   476

477   478   479   480

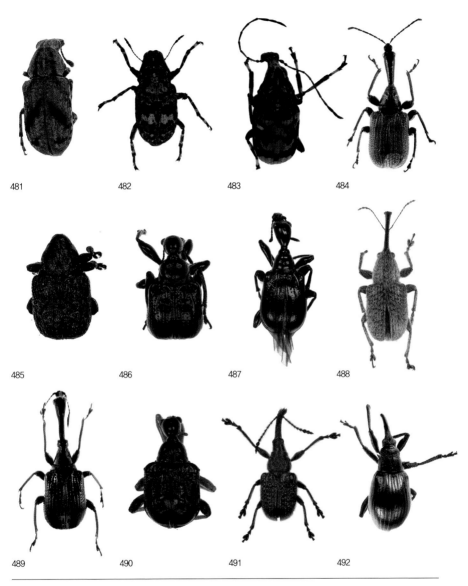

481   482   483   484

485   486   487   488

489   490   491   492

481. 줄무늬소바구미 *Sintor dorsalis* 498

482. 회떡소바구미 *Sphinctotropis laxa* 499

483. 딱부리소바구미 *Sympaector rugirostris* 500

484. 거위벌레 *Apoderus jekelii* 501

485. 포도거위벌레 *Byctiscus lacunipennis* 502

486. 북방거위벌레 *Compsapoderus erythropterus* 503

487. 노랑배거위벌레 *Cycnotrachelus cyanopterus* 504

488. 도토리거위벌레 *Cyllorhynchites ursulus* 505

489. 왕거위벌레 *Paracycnotrachelus chinensis* 506

490. 느릅나무혹거위벌레 *Phymatapoderus latipennis* 507

491. 복숭아거위벌레 *Rhynchites heros* 508

492. 엉겅퀴창주둥이바구미 *Piezotrachelus japonicum* 509

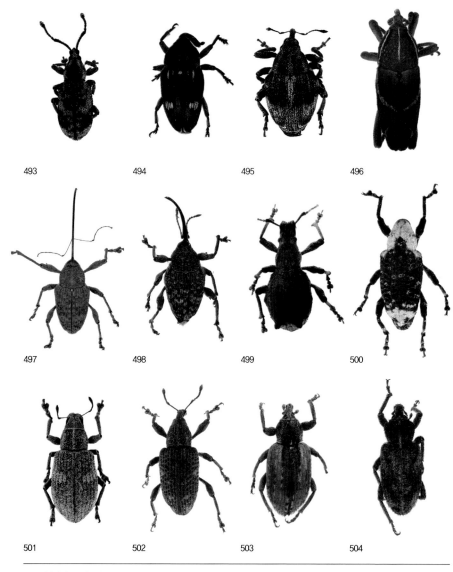

493

494

495

496

497

498

499

500

501

502

503

504

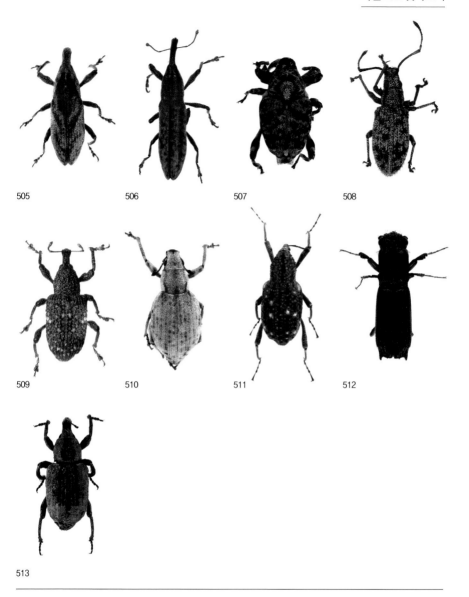

505   506   507   508

509   510   511   512

513

국명 색인

국명 색인